四优四化科技支撑丛书

辣椒病虫草害防治图谱

姚秋菊　韩娅楠　高新菊　主编

河南科学技术出版社
· 郑州 ·

《辣椒病虫草害防治图谱》编写人员

主　　编　姚秋菊　韩娅楠　高新菊

副 主 编　董晓宇　王恒亮　张蒙萌

参　　编　程志芳　常晓轲　祖均怀　刘勇鹏　陈增杰　肖　月
　　　　　赵俊卿　董海英　马红平　贾延钊　齐伟强　赵　艳
　　　　　李大勇

图书在版编目（CIP）数据

辣椒病虫草害防治图谱 / 姚秋菊，韩娅楠，高新菊主编. — 郑州：河南科学技术出版社，2023.10

（四优四化科技支撑丛书）

ISBN 978-7-5725-1294-0

Ⅰ.①辣…　Ⅱ.①姚…　②韩…　③高…　Ⅲ.①辣椒-病虫害防治-图谱　Ⅳ.①S436.418-64

中国国家版本馆CIP数据核字（2023）第169537号

出版发行：河南科学技术出版社
　　　　　地址：郑州市郑东新区祥盛街27号　　邮编：450016
　　　　　电话：（0371）65737028 65788613
　　　　　网址：www.hnstp.cn

策划编辑：陈淑芹　申卫娟

责任编辑：申卫娟

责任校对：臧明慧

封面设计：张德琛

责任印制：张艳芳

印　　刷：河南瑞之光印刷股份有限公司

经　　销：全国新华书店

开　　本：890 mm × 1240 mm　1/32　　印张：5　　字数：144千字

版　　次：2023年10月第1版　　2023年10月第1次印刷

定　　价：35.00 元

前言

辣椒起源于中南美洲，大约在16世纪后期传入中国，已有400多年的历史，因其适应性强，风味多样，营养丰富，深受消费者喜欢。辣椒可用作鲜食或加工，有重要的产业价值，具有良好的发展前景，在保障蔬菜周年均衡供应和丰富饮食口味方面发挥了重要作用。

进入21世纪，我国辣椒产业发展十分迅速，辣椒已成为我国种植面积最大的蔬菜和消费量最大的辛辣调味品。据国家大宗蔬菜产业技术体系统计，近年来辣椒年播种面积稳定在210万公顷以上，总产量6 400多万吨，农业产值2 500亿元，在全国占比分别为9.28%、7.76%、11.36%，对农民收入贡献率达1.14%。设施栽培辣椒发展迅速，大中棚栽培面积达34万多公顷，小拱棚栽培面积达8万多公顷，温室栽培面积达8万多公顷，设施栽培面积占辣椒栽培面积的26%。春提早、秋延后等辣椒栽培技术的发展实现了鲜辣椒周年均衡供应。辣椒产业由于成本低、见效快、收益稳定、适应性强等突出优点，其种植遍布全国，形成了辣椒特色产区，是部分地区农业支柱产业，在巩固脱贫攻坚成果、推动农业供给侧结构性改革、实施乡村振兴战略、促进农村经济发展和农民增收中发挥着重要作用。随着辣椒种植面积的不断扩大，连作障碍及设施栽培环境特殊性导致辣椒病虫害发生频繁，生产过程中化肥农药使用不合理，辣椒安全质量存在隐患，辣椒品质降低，经济效益不稳定，影响辣椒种植户的积极性，限制了辣椒产业规模化、标准化、集约化发展。因此，对常见的病害、虫害、草害及时准确诊断和精准防治，是保证辣椒优质、高产、高效、安全生产的重要手段。

本书在国家特色蔬菜产业技术体系郑州综合试验站和河南省“四优四化”科技支撑行动计划蔬菜专项等项目的资助下，在充分借鉴以往辣椒病虫草害防治相关著作和各地实践经验的基础上编撰而成。本书收录了河南省最主要的、常见的病虫草害，重点介绍了辣椒病害的症状、发病规律及防治措施，害虫的形态特征、为害特点、发生规律及防治措施，以及主要的田间杂草的形态特征、发生规律和防治技术，同时配有大量图片，图文并茂，形象直观，力求最大限度地为广大椒农和从事辣椒生产的管理和技术人员提供帮助。

本书在编写过程中参考引用了一些研究资料，在此向作者表示感谢。由于编者水平所限和经验不足，书中若有疏漏之处，敬请各位专家和读者批评指正。

编者

2022 年 7 月

目录

第一部分 辣椒病虫草害防治概述

一、辣椒产业生产现状

我国是世界上辣椒栽培面积最大的国家，据联合国粮食及农业组织（FAO）统计数据，2021 年我国辣椒播种面积为 80.18 万公顷（FAO 统计的我国辣椒播种面积低于我国国内的统计数据），播种面积占全球 21.83%，总产量 1706.14 万吨，占全球总产量的 41.81%，播种面积和总产量均居世界第 1 位（表 1）。另据国家大宗蔬菜产业技术体系统计数据，近年来我国辣椒年播种面积稳定在 210 万公顷以上，占全国蔬菜总面积的 9.28%；总产量 6 400 多万吨，农业产值 2 500 亿元。辣椒播种面积和产值均居蔬菜首位，已成为我国最大的蔬菜产业，对农民收入贡献率达 1.14%。河南省辣椒年播种面积稳中有升，2018 年播种面积 360 万亩，居全国第 2 位，总产量 663 万吨，居全国第 1 位（图 1–1、图 1–2）。国内外市场对辣椒及其加工产品的需求逐年增长，辣椒初加工生产企业和深加工产品（如辣椒红素和辣椒碱等）发展逐渐加快。我国现已形成从辣椒种植、产地加工、产品精深加工到专业流通领域的多元化产、加、销体系，国际贸易额逐年增长。我国干辣椒出口优势明显，2021 年干辣椒出口量、出口额分别为 23.39 万吨、6.15 亿美元，均占全球的 20% 以上，干辣椒出口量占我国总产量的 75.04%。中国为仅次于印度的世界干辣椒第二出口国，世界干辣椒出口贸易主要依赖中国（根据 FAO 数据统计）。中国辣椒红素出口在国际市场占有率超过 80%，具有绝对垄断地位。我国辣椒产业链条完整，已经形成涵盖育种、加工、贸易、餐饮、休闲观光等业态的三产融合发展模式。辣椒产业在我国国民经济的发展及农业结构的转型升级中具有举足轻重的作用。

表 1　2021 年世界上主要辣椒生产国的播种面积和产量

排名	国家	播种面积/万公顷	占比/%	国家	产量/万吨	占比/%
1	中国	80.18	21.83	中国	1706.14	41.81
2	印度	71.04	19.34	土耳其	310.71	7.61
3	印度尼西亚	32.19	8.76	印度尼西亚	274.70	6.73
4	墨西哥	17.90	4.87	墨西哥	264.48	6.48

续表

排名	国家	播种面积/万公顷	占比/%	国家	产量/万吨	占比/%
5	埃塞俄比亚	17.68	4.81	印度	212.03	5.20
6	尼日利亚	13.80	3.76	西班牙	151.16	3.70
7	孟加拉国	10.01	2.73	埃及	92.25	2.26
8	缅甸	9.83	2.68	尼日利亚	82.19	2.01
9	泰国	8.78	2.39	美国	53.12	1.30
10	土耳其	8.69	2.37	孟加拉国	49.27	1.21

注：数据来源于 http：//www.FAO.org。

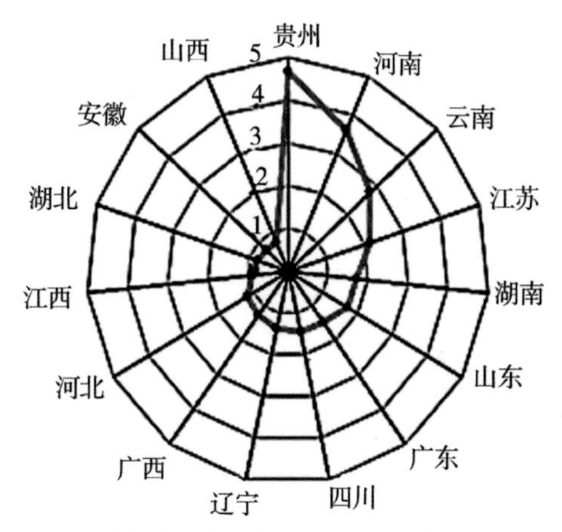

图 1-1　我国不同地区辣椒的种植面积（单位：百万亩）

注：数据来源于 2013~2018 年国家大宗蔬菜产业技术体系统计数据均值。

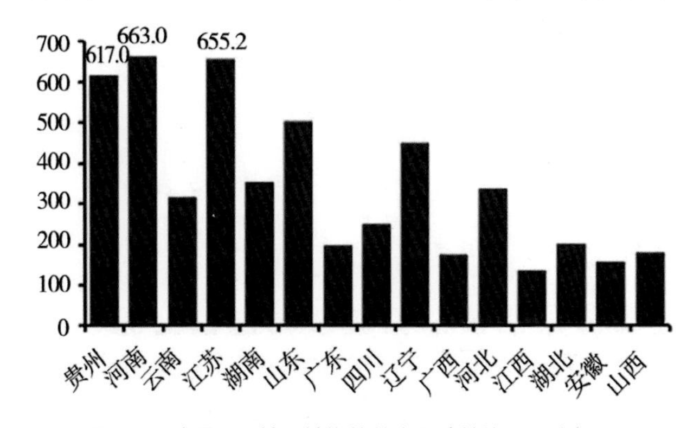

图 1-2　我国不同地区辣椒的总产量（单位：万吨）

注：数据来源于 2013~2018 年国家大宗蔬菜产业技术体系统计数据均值。

二、辣椒病虫草害发生概况

（一）真菌性病害

辣椒真菌性病害发生面积大且日趋严重。辣椒真菌性病害以茎、叶、花、果上产生各种各样的局部斑最为常见，其次是凋萎、腐烂等，发病部位大多长有霉状物、霜霉状物、粉状物、锈状物、棉絮状物、颗粒状物等，在发病后期，能导致辣椒植株大量死亡，造成减产。辣椒猝倒病、根腐病、霜霉病、疫病等病的病原菌为土壤中的低等真菌，一般在低温（15 ~ 20℃）潮湿的春秋两季发病较多。辣椒白粉病、灰霉病、炭疽病、黑斑病、枯萎病、黄萎病、立枯病等病的病原菌为土壤中的高等真菌，病害以点发生为多，受害部位有较明显的边缘。辣椒猝倒病发生在辣椒幼苗时期，苗床土壤过湿，且遇到阴雨低温天气容易发病。辣椒疫病发生在 3 月下旬至 7 月上中旬，以 4 月中下旬至 6 月中下旬为害最严重，是为害辣椒的毁灭性病害，田块株发病率 20% ~ 30%，发病田块达 70% 以上，严重影响辣椒产量，甚至造成绝收。辣椒枯萎病发生时期同辣椒疫病。辣椒灰霉病发生时期在 2 月上中旬至 4 月下旬，以 2 月中下旬至 3 月下旬发生为害最严重，持续较高的相对湿度是发生和流行的主要因素，尤其是冬春大棚或温室育苗，苗床湿度过高或连续阴雨天气、气温偏低、密度过大、旺长以及放风不及时等因素。辣椒炭疽病喜温喜湿，多于 7 月中旬至 9 月上旬发生。

（二）细菌性病害

辣椒细菌性病害呈现种类多、分布广的特点，常见的有辣椒疮痂病、青枯病、细菌性叶斑病、软腐病等，特别是青枯病、软腐病与细菌性叶斑病日趋严重，一旦发生易引起大面积传染，很难防治，往往导致巨大经济损失。近年来，细菌性病害的暴发呈上升趋势，连作重茬、温室大棚反季节种植，导致细菌性病害多发、频发成为新常态，对细菌性病害的防治也成为越来越重要的工作。细菌性病害往往在夏秋季节多雨时发生，其病原细菌在病残体、种子、土壤中越冬，在高温高湿条件下容易发病。在田间，病原细菌借流水、雨水、昆虫及农事操作等传播。暴风雨能大量增加作物伤口，利于细菌侵入，促进病害的传播，创造有利于病害发生的环境，这些通常是细菌性病害流行的一个重要条件。特别是保护地大棚内湿度大，存在植株吐水、棚膜滴水、高湿结露的情况，给细菌性病害的发生提供了有利的环境条件，加上整枝打叶留下的伤口很容易造成细菌性病害的暴发。

（三）病毒病

辣椒病毒病是辣椒生产中的主要灾难性病害之一，易造成辣椒落叶、落花、落果，减产幅度达 30% ~ 70%，严重者甚至绝收，极大地影响了辣椒的生产。我国辣椒上发现的病毒主要有黄瓜花叶病毒（Cucumber mosaic virus，CMV）、烟草花叶病毒（Tobacco mosaic virus，TMV）、马铃薯 Y 病毒（Potato virus Y，PVY）、马铃薯 X 病毒（Potato virus X，PVX）、烟草蚀纹病毒（Tobacco etch virus，TEV）、蚕豆萎蔫病毒（Broad bean wilt virus，BBWV）和苜蓿花叶病毒（Alfalfa mosaic virus，AMV）等，其中以 CMV 和 TMV 为害最为严重。近年来，随着辣椒生产规模扩大、种植区域固定化，辣椒病害逐渐加重，病害种类也呈现多样化、复杂化和复合性等特点。特别是一些新型流行病害由于抗原稀少，研究起步较晚，为害日趋严重。目前，世界各地陆续报道的辣椒病毒种类有 60 种以上，其中我国已鉴定出的病毒种类达 20 种以上，主要为 TMV、辣椒轻斑驳病毒（Pepper mild mottle virus，PMMoV）等烟草花叶病毒属（*Tobamovirus*）病毒；PVY、辣椒斑驳病毒（Pepper mottle virus，PepMoV）等马铃薯 Y 病毒属（*Potyvirus*）病毒；番茄斑萎病毒（Tomato spotted wilt virus，TSWV）等番茄斑萎病毒属（*Tospovirus*）病毒；辣椒脉黄化病毒（Pepper vein yellows virus，PeVYV）等马铃薯卷叶病毒属（*Polerovirus*）病毒；以及 CMV、BBWV-1，2、PVX、AMV、番茄黄化曲叶病毒（Tomato yellow leaf curl virus，TYLCV）等。近些年，以 PMMoV 和 TSWV 为代表的新兴外来病毒在我国多地均有发现，检出比例不断增加。PMMoV 最早在美国发现，1994 年在我国新疆产区首次发现，随后在我国多个辣椒产区均有发现，为害严重。1915年澳大利亚首次报道了TSWV为害番茄，1989年我国首次报道了TSWV为害花生，2000年以后，TSWV在云南很多作物上被发现，并从四川和云南向国内其他地区快速扩散。我国辣椒主产区病毒病多呈现复合侵染的现象，症状复杂多样，大面积集中种植、土壤带有病毒、广泛的传毒介体和有利于侵染繁殖的环境条件等均能给病毒复合侵染提供便利，带病毒的辣椒种子和带病毒的土壤日益成为主要的辣椒病毒传播源。

（四）根结线虫病

根结线虫病是辣椒的主要病害之一，在我国从北到南均有辣椒根结线虫病的发生。由于辣椒种植面积不断扩大以及辣椒产区与番茄、黄瓜和豆类等高感根结线虫的蔬菜作物接茬，同时又缺乏有效的综合防治措施，导致土壤中根结线虫基数累增，为害逐年加重，尤其是在辣椒设施栽培中为害更甚。根结线虫侵染辣椒时主要为害根部，受害较轻时症状不明显，受害严重时会导致辣椒植株发育不良或生长停滞，株形矮化、下部叶片变黄，植株僵老萎蔫，辣椒果实小、植株结果少。线虫通过口针留下伤口，可诱发辣椒疫病、立枯病和枯萎病等土传病害。辣椒受到根结线虫的侵害一般减产10%～20%，严重的达75%以上。

（五）生理性病害

辣椒生长过程中，由于受不良因素（恶劣气候条件、营养不良、栽培管理不当等）影响，产生各种生理障碍，导致生理性病害的发生，该病害不具有传染性，无发病中心，以散发为多，但影响辣椒的产量和品质。辣椒种植已经趋向规模化和区域化，在生长发育过程中，常常会遇到一些生理性病害，如徒长、黄化、小叶、落花、落果、畸形果、脐腐、日灼、僵果、果实着色不良等，常因极端气候因素和粗放式管理引起，特别是果实受害后，其他病菌易从伤口侵入，可造成复合感染，使果实受害更加严重。生理性病害的发生和流行与品种抗性、栽培管理水平及种植环境密切相关，有一定的发病规律，在生产中掌握好病害的发生规律，能及时有效地预防病害发生，减轻为害。

（六）虫害

虫害是影响辣椒质量和产量的主要因素之一，在夏季发生严重。为害辣椒的害虫有昆虫、螨类、软体动物等，害虫种类较多，发生态势非常复杂，且因地域、季节、栽培条件和品种等因素而异。地上害虫主要是蚜虫、棉铃虫、烟青虫等，严重时，蛀果率可高达30% ~ 50%。地下害虫主要是小地老虎、蛴螬、蝼蛄，啃食和咬断辣椒根部和茎基部，致使辣椒生长减弱或死亡，形成缺苗断行，同时为各种土传病害的入侵创造了有利条件，4 ~ 5月对幼苗为害严重。多种虫害可能伴随病害同时或先后发生，随着栽培条件或环境条件的变化，病虫害也可能发生变化。因此防治虫害的过程需要病虫兼顾，措施搭配，综合防治。

（七）草害

辣椒田杂草种类比较繁杂，杂草生长速度较快，直接或间接地对辣椒的生长发育、产量和品质造成了严重的影响。辣椒田间杂草主要有禾本科杂草、莎草和阔叶杂草，常见的有牛筋草、狗尾草、稗、苍耳、苘麻、蓟、反枝苋、藜、大戟等杂草。辣椒田里的禾本科杂草与一般的阔叶杂草较恶性杂草好防治。恶性杂草如香附子（莎草）和田旋花等，可进行根部繁殖，又可进行种子传播繁殖。在辣椒生长的田间，若防治不及时，杂草会在田间大肆繁殖，消耗土壤的养分，部分杂草枝蔓缠绕辣椒植株，不利于辣椒生长，导致辣椒叶片发黄、植株矮小。农田杂草与辣椒争夺养分、水分、阳光和空间，降低了辣椒的产量和质量。杂草还是许多微生物和病虫害的中间宿主或生存场所，可能导致病虫害的发生。另外，一些杂草或花粉种子含有毒害人类和动物的毒素。防除辣椒杂草时，可结合传统的除草方法，运用地膜覆盖等方法，抑制或减少杂草的生长。

第二部分　病　害

病害分侵染性病害（真菌性病害、细菌性病害、病毒性病害）和非侵染性病害。

一、侵染性病害

侵染性病害是由生物引起的，病原体种类多，有传染性和流行性的病害。引起植物病害的生物包括真菌、细菌、病毒、线虫等，其中真菌性病害约占 80%,细菌性病害占 10% ~ 15%,病毒性病害约占 5%。

（一）真菌性病害

真菌所致的病害几乎包括了所有的病害症状类型，重要的标志是在受害部位的表面,或迟或早都将出现病症,如粉状物、霉状物、疱状物、毛状物、颗粒状物、白色絮状物等真菌的子实体或营养体的结构，染病部位无臭味等特别气味。由于真菌性病害的类型、种类繁多，引起的病害症状也千变万化,但是,凡属真菌性病害,无论发生在什么部位,症状表现如何，在潮湿的条件下都有菌丝、孢子产生，这是判断真菌性病害的主要依据。

1. 立枯病

【为害症状】发病初期，白天幼苗叶片萎蔫，晚上和清晨可恢复，幼苗茎基部产生暗褐色椭圆形病斑，且渐渐凹陷，进一步扩大绕茎一周时，茎基部萎缩，叶片萎蔫，且不能恢复原状，最后幼苗干枯，枯死的病苗多立而不倒（图 2-1）。湿度大时，病苗上形成淡褐色蜘蛛网状的菌丝，苗床上病害扩展较慢。

【发病规律】本病是由立枯丝核菌引起的。病菌发育适温为 24℃,最高 42℃,最低 13℃。高温高湿有利于发病和蔓延。病菌腐生性较强,在土壤中可存活 2 ~ 3 年，带菌的土壤和病残体是主要传染源，主要通过雨水、灌溉水、粪肥、农具进行传播和蔓延。使用带有病菌的旧床土育苗，施用未腐熟的有机肥，苗床幼苗密度过大、间苗不及时、幼苗老化衰弱，温度较高，空气不流通时，易发生立枯病。立枯病是春季辣椒育苗中较易发生的病害之一。

植株萎蔫

幼苗茎基部染病症状

图 2-1　辣椒立枯病为害症状

【防治措施】

（1）种子消毒：可用拌种双、枯草芽孢杆菌等药液浸种 30 分钟，洗净后催芽。

（2）床土消毒：可用甲霜灵、噁霉灵、福美双、代森锰锌、枯草芽孢杆菌、敌磺钠、甲基立枯磷等药剂处理床土，可用药液浇灌或将农药与细土拌匀后施入苗床。

（3）农业防治：加强苗床管理，注意合理放风，防止苗床或育苗盘出现高温高湿。苗期喷洒 0.1% ~ 0.2% 磷酸二氢钾，增强抗病力。

（4）药剂防治：发病初期可选用 72.2% 霜霉威盐酸盐水剂或 30% 苯醚甲环唑·丙环唑乳油 3 000 倍液加入 70% 代森锰锌可湿性粉剂 600 ~ 800 倍液；或 50% 腐霉利可湿性粉剂 1 500 倍液加入 70% 丙森锌可湿性粉剂 600 ~ 700 倍液；均匀喷雾，视病情隔 7 ~ 10 天喷 1 次。如果猝倒病、立枯病并发，可用 800 倍 72.2% 普力克水剂和 50% 福美双可湿性粉剂的混合液喷淋，视病情隔 7 ~ 10 天喷 1 次，连续防治 2 ~ 3 次。

2. 猝倒病

【为害症状】猝倒病俗称“卡脖子”，是一种土传病害，主要为害未出土的种子和幼苗。种子还未萌发，或抽出胚芽或子叶但未出土时，即被病原菌感染，从而造成烂种、烂芽、毁种。幼苗刚出土后，为害真叶展开前的幼苗及 1 ~ 2 片真叶的小苗，条件适宜时，幼苗茎基部遭病原菌侵染，出现水渍状、腐烂症状，后迅速上下扩展，病部转为黄褐色、凹陷缢缩，地上部分因失去支撑而倒伏，基部收缩成线条状。由于病害发展很快，在幼苗子叶尚未凋萎仍为绿色时幼苗就迅速倒伏。此病在苗床上多零星发生，随后病情由一个中心点向四周扩展蔓延，最后引起幼苗成片倒伏死亡。空气湿度大时，幼苗及其周围的地面上长出一层白色的棉絮状菌丝（图 2-2）。

穴盘育苗猝倒病

土床育苗猝倒病

图 2-2　辣椒苗期猝倒病为害症状

【发病规律】本病是由瓜果腐霉菌引起的早期病害，受温度和湿度影响较大。病原菌在土壤或病残体中越冬，一般在地势低洼、土质黏重、冷凉条件下育苗最易发病。苗床未经消毒，或播种密度过大、分苗不及时，或保温放风不当，或幼苗徒长、受冻，或低温、高湿持续时间长，都会加重病害的发生。尤其在冬春蔬菜育苗时，一旦管理不善，易造成幼苗成片死亡。

【防治措施】

（1）农业防治：选用抗耐病的品种；与非茄科蔬菜实行 2 ~ 3 年轮作；苗床应选择地势高、向阳、通风性好、排水方便的无病地块；施用充分腐熟的农家肥。

（2）苗床消毒：用 70% 五氯硝基苯可湿性粉剂与 50% 甲基托布津可湿性粉剂等量混合，每平方米用混合药粉 8 ~ 10 克，拌干细土 10 ~ 15 千克，将苗床淋透水，在苗床上撒一层拌好的药土约 1/3，余下 2/3 待种子播下后覆盖在上面。

（3）药剂防治：苗床发现病株，应及时拔除，并选用 72.2% 霜霉威盐酸盐水剂 400 倍液，或 3% 噁霉·甲霜水剂 800 倍液，或 20% 乙酸铜可湿性粉剂 600 ~ 800 倍液，或 50% 甲霜灵可湿性粉剂 600 ~ 1 000 倍液等进行防治。

3. 疫病

【为害症状】疫病又称“黑胫病”，是为害辣椒的高发病害之一。整个生育期及植株各器官均可感病。幼苗期发病，茎基部呈水浸状软腐，造成幼苗折倒和湿腐，而后枯萎死亡。叶片染病，出现灰褐色边缘不明显的病斑，叶片软腐脱落。茎基部发病多在茎基部和分叉处，初期产生暗绿色水渍状病斑，后扩大为不规则的黑褐色斑，病部凹陷、缢缩，染病上端枝叶由下向上枯萎死亡。花蕾被害后迅速变褐脱落。果实发病，多从果柄或果实裂缝处开始，初期为暗绿色、水渍状、不规则形病斑，很快扩展至整个果实，呈灰绿色，果肉软腐，病果失水干缩挂在枝上呈暗褐色僵果。根系发病，出现褐色湿润状病斑，引起上部茎叶萎蔫死亡。潮湿时，病斑表面可长白色霉状物（图 2–3）。

【发病规律】本病是由辣椒疫霉菌引起的土传病害，病菌以卵孢子在土壤中或病残体中越冬，借风、雨、灌溉水及其他农事活动传播。发病后可产生新的孢子囊，形成游动孢子进行再侵染。病菌生长温度范围为 10 ~ 37℃，最适宜温度为 20 ~ 30℃。相对湿度达 90% 以上时发病迅速。大雨过后气温急剧上升，病害易流行。在辣椒整个生育期均可发病，但以 7 ~ 8 月辣椒挂果后最易受害。一般重茬、低洼地、田间排水不良、氮肥使用偏多、种植密度过大、植株衰弱等均有利于该病的发生和蔓延。

幼苗茎基部发病

叶片染病

茎部发病

植株发病萎蔫

果实发病

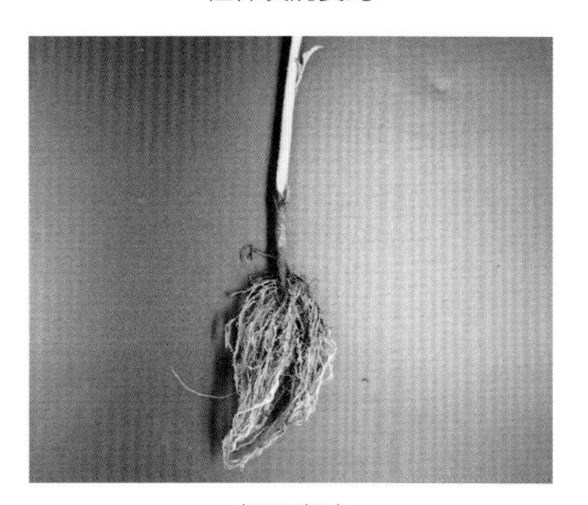

根系发病

图 2-3　辣椒疫病为害症状

【防治措施】

（1）种子消毒：用55℃温水浸种15分钟，或用高锰酸钾500倍液浸种30分钟，洗净后催芽。

（2）农业防治：选用抗耐疫病的新品种；育苗土使用无病新土；与非茄科蔬菜实行2～3年轮作，同时结合深耕；定植后注意中耕松土，促进根系发育；肥料以腐熟的有机肥为主，氮、磷、钾肥要合理搭配，苗期宜少施氮肥，开花结果期适当增加施肥量；采取高垄地膜栽培，增加早期土温，促进生根，雨后注意排水。

（3）药剂防治：旧床土要用甲霜灵·锰锌等防治病菌的药剂进行预防。发病初期，可选用52.5%噁酮·霜脲氰水分散粒剂1 500～2 000倍液，或68.75%氟菌·霜霉威悬浮剂800～1 000倍液，或44%精甲·百菌清悬浮剂500～800倍液，或80%代森锰锌可湿性粉剂250～500倍液，视情况每隔7～10天喷1次，连续喷4次以上。在常年发病的田块，可在当地气温达30℃以上，土温在25℃左右时，在雨前或灌溉前进行预防。注意各种药剂交替使用。

4. 炭疽病

【为害症状】主要为害果实和叶片，果梗也可受害。叶片染病，初呈水浸状褪绿色斑点，后逐渐变为褐色，病斑近圆形，中间灰白色，轮生黑色小点粒，病斑扩大后呈不规则形，有同心轮纹，叶片易脱落。果实染病，初呈水渍状黄褐色病斑，扩大后呈长圆形或不规则形，病斑凹陷，上有同心轮纹，边缘红褐色，中间灰褐色，轮生黑色点粒；潮湿时，病斑上产生红色黏状物，干燥时，病部变薄成膜状且易破裂，发病严重时整个果实皱缩变干枯皱（图2–4）。果梗受害，出现褐色凹陷斑，病斑不规则，干燥时往往开裂。

【发病规律】主要病原菌有胶孢炭疽菌、果生刺盘孢菌、平头炭疽菌、尖孢炭疽菌等。病菌适宜滋生温度为12 ～ 33℃，最适发病温度为25 ～ 30℃，相对湿度85%以上，发病潜育期3 ～ 7天。主要在辣椒生长的中后期发生，高温高湿条件下易暴发，造成大量落叶烂果。特别在高温季节，果实被灼伤，极易并发炭疽病。田间排水不良、种植密度过大、施肥不当、通风条件差等都会加重病害的发生和

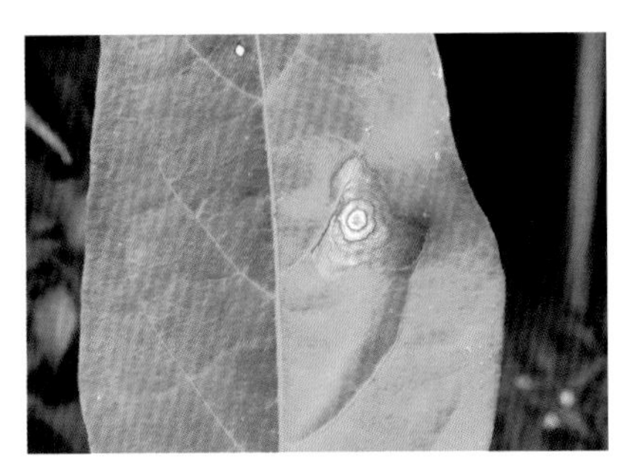

叶片染病

果实染病

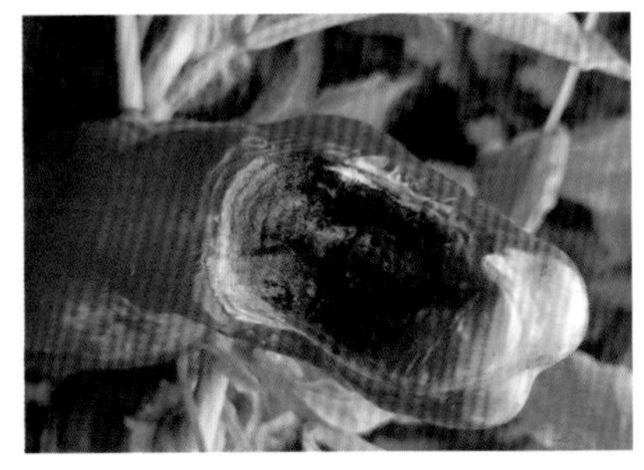

病斑着生霉状物

果实干枯

图 2-4　辣椒炭疽病为害症状

流行。

【防治措施】

（1）种子消毒：用55℃温水浸种30分钟。也可采取冷水浸种5～15小时，再用1%硫酸铜溶液浸种5分钟，取出加入适量消石灰或草木灰拌种，并立即播种。

（2）农业防治：与瓜类蔬菜、豆科蔬菜实行2年以上轮作；并选择排灌良好的砂壤土、不窝风地块栽培。拉秧时应彻底清除田间病残体。加强田间管理，避免栽植过密；采用配方施肥技术，避免在易积水地块定植；雨季注意开沟排水，预防果实被日灼。

（3）药剂防治：发病初期可用50%咪鲜胺锰盐可湿性粉剂37～74克/亩，或50%福·甲·硫黄可湿性粉剂150克/亩，或30%苯甲·嘧菌酯悬浮剂25～30毫升/亩，或20%甲硫·锰锌可湿性粉剂80～160克/

亩，或30%肟菌酯悬浮剂25～37.5毫升/亩，或40%氟啶·嘧菌酯悬浮剂50～60毫升/亩等药剂进行喷雾防治。

5. 黄萎病

【为害症状】本病多在植株开花结果期开始发病，自下而上或从植株一侧向全株发展。发病初期植株枯萎，下部叶片上卷，叶缘或叶尖变黄，而后变为褐色。随着病情的发展，整株植物永久性萎蔫，叶片黄化、脱落（图2-5）。剖检病株茎基部可见维管束变褐色。其症状与辣椒枯萎病易混淆，需镜检病原才能区分。该病扩展较慢，一般多造成病株矮化、节间缩短、生长停滞，导致不同程度的减产。

叶片染病变黄

植株染病

图2-5 辣椒黄萎病为害症状

【发病规律】本病由半知菌亚门的大丽花轮枝孢菌侵染引起。病菌以休眠菌丝、厚垣孢子和微菌核随病残体在土壤中越冬。土壤中病菌可存活6～8年。病菌从根部的伤口或直接从幼根表皮或根毛侵入，然后在维管束内繁殖，并扩展到枝叶。病菌借风、雨、流水或人畜及农具传到无病田，成为翌年的初侵染源。辣椒苗期和定植后低于15℃持续时间长时易发病。

【防治措施】

（1）农业防治：选育抗病品种；与禾本科作物实行4年以上的轮作；有条件的地方最好能实行水旱轮作。当土壤10厘米处的温度达到15℃以上时，开始定植辣椒，最好铺光解地膜；灌溉时要选择在晴天进行，避免用过冷的井水浇灌，以免地温下降幅度过大；生长期间宜勤浇小水，保持地面湿润。

（2）土壤处理：用40%棉隆10～15克/米^{2}与15千克过筛细干土充分拌匀，撒在畦面上，然后耙入土中深约15厘米处。在苗期或定植前，喷施50%多菌灵可湿性粉剂600～700倍液。每公顷定植田用50%多菌灵30千克进行土壤消毒。

（3）药剂防治：发病初期采用0.5%氨基寡糖素水剂150～200毫升/亩，或100亿孢子/克枯草芽孢杆菌可湿性粉剂20～30克/亩，或36%三氯异氰尿酸可湿性粉剂80～100克/亩，视病情隔7～10天喷施1次。

6. 枯萎病

【为害症状】本病是一种重要的土传病害，一般在开花和结果盛期陆续发生。发病初期，根部或根茎处出现水渍状黑褐色病斑，边缘不明显，植株在晴天中午表现萎蔫，早晚或遇阴雨天恢复正常，随着病害进一步发展，茎部病斑扩大，植株表现永久性萎蔫，不能恢复，部分叶片甚至干枯脱落，导致植株枯萎死亡。发病植株易拔起，其根系不发达，根部部分或全部呈水浸状腐烂，横切茎可见维管束变褐色，天气潮湿时病部可长出白色或者蓝绿色的霉状物（图2-6）。

发病植株萎蔫

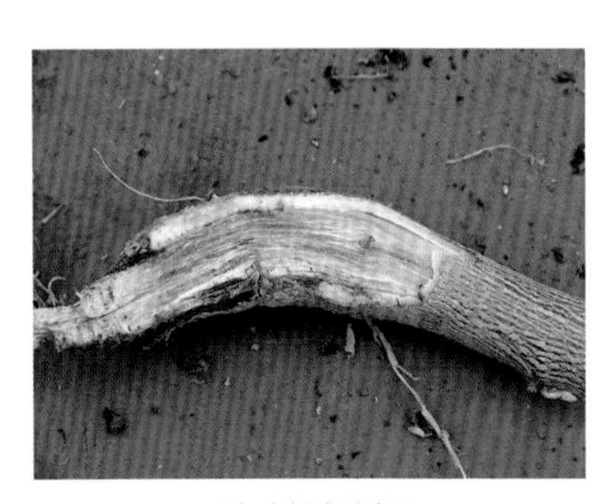

染病根部侧面

图2-6　辣椒枯萎病为害症状

【发病规律】本病是由半知菌亚门尖孢镰刀菌引起的病害。病菌以菌丝体和厚垣孢子随病残体在土壤中越冬，可营多年腐生生活。病菌从须根、根毛或伤口侵入，在寄主根茎维管束中繁殖、蔓延，产生的有毒物质随输导组织扩散，毒化寄主细胞，或堵塞导管，致叶片发黄。病菌发育适宜温度为 27 ~ 28℃，土温 28℃时最适于发病，土温 21℃以下或 33℃以上时病情扩展缓慢。土壤偏酸（pH 值 5.0 ~ 5.6）、连作、移栽或中耕伤根多、植株生长不良等，有利于发病。

【防治措施】

（1）农业防治：选用抗病品种；与非茄科作物实行3 ~ 4年轮作；高垄种植，合理密植，注意通风，雨后注意排水；及时摘除残花病果，集中深埋或烧毁；及时追肥，避免施用未经充分腐熟的土杂肥，注意氮、磷、钾肥的合理搭配，增强植株长势。

（2）药剂防治：定植及开花结果初期病害发生前，喷施高锰酸钾600 ~ 1 000倍液或铜氨液600 ~ 800倍液，连续用药2次以上。发病前或初见病株时，用5%氨基寡糖素水剂50 ~ 60毫升/亩，或98%噁霉灵可湿性粉剂2 000 ~ 2 400倍液，或100亿孢子/克枯草芽孢杆菌可湿性粉剂20 ~ 30克/亩，或50%甲基硫菌灵可湿性粉剂670倍液进行灌根，隔10天用药1次，连续灌根2 ~ 3次，也可使用25%咪鲜胺乳油500倍液喷雾。

7. 根腐病

【为害症状】本病是常见的土传病害，多发生于辣椒定植后。病部仅局限于根及根茎部。发病初期，植株叶片特别是顶部叶片出现白天凋萎、早晚恢复的现象；发病严重时，植株生长发育不良，株形矮小，根系腐烂，最后植株枯死但叶片仍呈绿色。病株的根茎部及根部皮层呈淡褐色至深褐色湿腐状，但不向上部发展，有别于枯萎病，极易剥离露出暗色的木质部。横切茎观察，可见病株维管束变褐色，后期湿度大时病部长出白色至粉红色霉层（图 2–7）。

根茎部染病

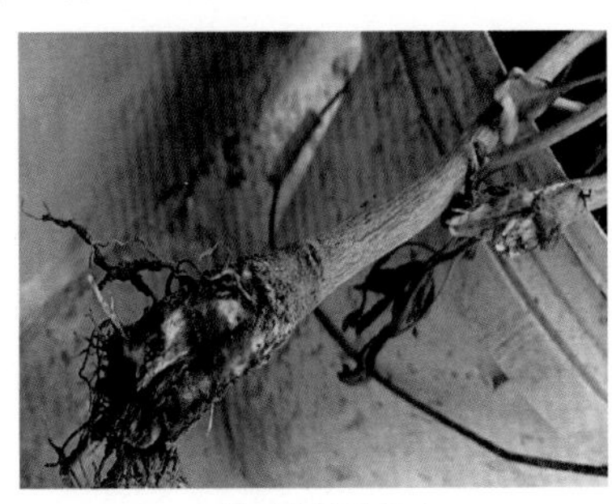

染病根部剖面

图 2–7　辣椒根腐病为害症状

【发病规律】本病是由腐皮镰孢霉引起的病害。病菌以厚垣孢子、菌核或菌丝体在土壤中越冬，成为翌年主要初侵染源。病菌从根茎部或根部伤口侵入，可在土壤中存活5 ~ 10年，通过雨水或灌溉水进行传播蔓延，染病植株病部不断产生分生孢子进行再侵染。地势低洼、排水不良、田间积水、连作及棚内滴水漏水、植株根部受伤的田块发病严重。春季多雨、梅雨期间多雨的年份发病严重。

【防治措施】

（1）种子处理：可用55℃温水浸种15分钟后，再室温浸种，然后催芽播种；也可用次氯酸钠浸种，浸种前先用0.2% ~ 0.5%的碱液清洗种子，再用清水浸种8 ~ 12小时，捞出后浸入配好的1%次氯酸钠溶液中5 ~ 10分钟，冲洗干净后催芽播种；还可用2.5%咯菌腈悬浮剂按种子重量0.2% ~ 0.3%拌种，晾干后播种。

（2）农业防治：采取高畦栽培，精细整地，施足腐熟粪肥；适时定植无病壮苗，移栽时尽量不伤根；注意合理灌水，防止大水漫灌及雨后田间积水，灌水和雨后及时中耕松土，增强土壤通透性，促进根部伤口愈合和根系发育；重病地与非茄科或瓜类蔬菜进行1 ~ 3年轮作；及时拔除病株，带出田外深埋或烧毁，并用土拌石灰填埋病穴。

（3）药剂防治：发病初期用50%多菌灵可湿性粉剂600倍液，或40%多硫悬浮剂600倍液，或50%甲基硫菌灵可湿性粉剂500倍液进行防治，隔10天左右施1次，连续2 ~ 3次。

8. 褐斑病

【为害症状】辣椒褐斑病也叫“鸡眼病”，主要为害叶片，在叶片上形成圆形或近圆形病斑。发病初期病斑呈褐色，随病斑发展逐渐变为灰褐色，表面稍隆起，周缘有黄色晕圈，病斑中央有一个浅灰色中心，四周黑褐色（图 2-8）。严重时病叶变黄脱落。茎部也会染病，症状与叶片类似。

叶片染病（1）

叶片染病（2）

图 2-8　辣椒褐斑病为害症状

【发病规律】本病病菌属于半知菌亚门真菌。病菌以菌丝体随病残体在土壤中越冬，或附着在种子上越冬，或以菌丝在病叶上越冬，成为翌年初侵染源。病害常开始于苗床中。高温高湿持续时间长，有利于发病和蔓延。田间发病后，病部产生分生孢子，借风、雨、灌溉水和农具传播蔓延。病菌喜温暖高湿条件，20 ~ 25℃适宜发病，相对湿度 80% 开始发病，湿度愈大发病愈重。辣椒生长不良也容易发病。

【防治措施】

（1）田间管理：种植密度不宜过大，保持通风透气，及时补充养分及微量元素，促进植株健壮生长；采收后，及时清出病株和落叶，集中烧毁；与非茄科类蔬菜实行2年以上轮作。

（2）种子处理：采用温汤浸种或药剂浸种的方法对种子进行消毒杀菌处理。

（3）药剂防治：发病初期喷洒75%百菌清可湿性粉剂500 ~ 600倍液，或30%苯甲 · 吡唑酯悬浮剂2 500 ~ 3 500倍液，或36%甲基硫菌灵悬浮剂500倍液，或20%苯霜灵乳油350倍液，或40%氟硅唑乳油5 000倍液，连续防治2 ~ 3次。

9. 灰霉病

【为害症状】苗期为害叶、茎、顶芽，发病初期子叶先端变黄，后扩展到幼茎，幼茎缢缩变细，常自病部折倒而死。成株期为害叶、花、果实。叶片受害多从叶尖开始，出现淡黄褐色病斑，逐渐向上扩展成“V”形病斑。茎部发病产生水渍状病斑，病部以上枯死。花受害，花瓣萎蔫。果实受害，多从幼果与果蒂连接处出现水渍状病斑，后引起全果褐斑。病健部交界明显，病部有灰褐色霉层（图2–9）。

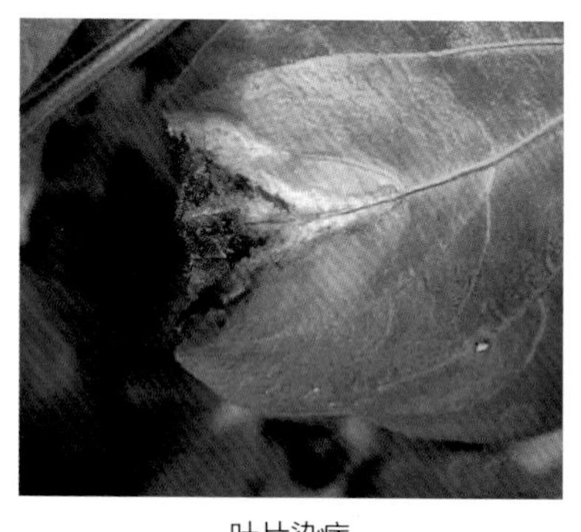

叶片染病

茎部染病

花染病

幼果染病

图 2–9　辣椒灰霉病为害症状

【发病规律】病菌以菌核在土壤中，或以菌丝、分生孢子在病残体上越冬，在田间借助气流、雨水及农事操作传播蔓延。病菌较喜低温、高湿、弱光条件。棚室内春季连阴天、气温低、湿度大时易发病。光照充足对本病蔓延有抑制作用。

【防治措施】

（1）农业防治：保护地栽培时，采用高畦栽培，并覆盖地膜，雨后及时排出积水，棚内合理通风降温；及时清除病叶、病株、病果，带出棚外集中深埋或烧毁，以清除菌源；重施腐熟的优质有机肥，增施磷、钾肥，适当控制浇水，有条件的可采用滴灌技术，禁止大水漫灌。

（2）药剂防治：保护地内植株发病，可用15%腐霉利烟剂250～300克/亩，或45%百菌清烟剂250克/亩，隔5～7天熏1次，连续或交替熏2～3次。还可用70%嘧霉胺水分散粒剂1 000～1 500倍液，或50%氯溴异氰尿酸可溶性粉剂750～1 500倍液，隔7～10天喷1次，视病情连续喷2～3次。

10. 黑霉病

【为害症状】主要为害辣椒果实，产生浅褐色10～26毫米不规则形病斑。此病斑与日灼病有关，多在日灼的基础上，病斑变薄下陷，后逐渐长出黑霉，湿度大时，黑霉扩展，有时布满整个病斑，有时病斑融合，形成更大的病斑。高湿条件下可见为害叶片（图2-10）。

果实染病

果顶染病

叶片染病

图2-10　辣椒黑霉病为害症状

【发病规律】病菌随病残体在土壤中越冬，翌年产生分生孢子进行再侵染。病菌喜高温高湿条件，腐生性强，借空气、土壤传播。多在果实即将成熟或成熟时发病，湿度大时叶片也会发病。温暖潮湿的条件下本病易发生，连阴雨天、植株长势弱、田间管理粗放等是诱发本病的条件。

【防治措施】

（1）采用测土配方施肥技术，施用腐熟有机肥4 000千克/亩，适时追肥，增强抗病力。

（2）种子处理。可以用种子重量0.3%的50%异菌脲悬浮剂拌种。

（3）药剂防治：在发病前期，可采用50%硫黄·甲硫灵悬浮剂800～1 000倍液+70%丙森锌可湿性粉剂600～800倍液，64%氢铜·福美锌可湿性粉剂1 000倍液，50%腐霉利可湿性粉剂1 000倍液+70%代森锰锌可湿性粉剂800～1 000倍液，50%异菌脲悬浮剂1 500倍液，兑水均匀喷雾，视病情隔7天左右喷1次。

（4）辣椒设施栽培时，要做好通风散湿，防止发病条件出现，并于坐果后发病前，采用粉尘法或烟雾法杀菌。粉尘法即于傍晚喷撒5%百菌清粉尘剂，每亩1千克。烟雾法即于傍晚点燃45%百菌清烟剂，每亩200～250克，隔7～9天1次，视病情连续或交替轮换使用。

11. 黑斑病

【为害症状】本病以侵害果实为主，初侵染时果实表面形成褪色小斑点，随着斑点扩大逐渐变为淡褐色或黄褐色，形状不规则，中间稍凹陷。潮湿时病部散生密密麻麻的小黑点，严重时连片成黑色霉层。病斑在扩展过程中连片融合成更大的坏死斑，使病果干枯。病菌常扩展到果实内部，致种子变褐、变黑，不能使用（图 2-11）。

果实发病初期

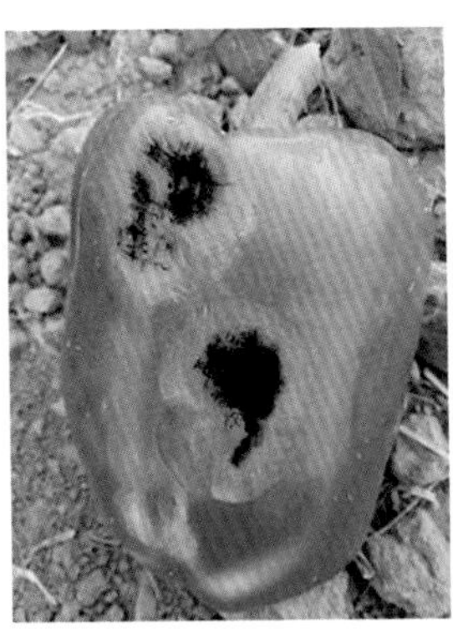

果实病部着生霉层

病菌侵染果实内部

图 2-11　辣椒黑斑病为害症状

【发病规律】病菌以菌丝体随病残体在土壤中越冬，条件适宜时为害果实引起发病。病部产生分生孢子借风雨传播，进行再侵染。病菌多由伤口侵入，果实被阳光灼伤所形成的伤口为主要侵入场所。病菌喜高温高湿条件，温度在 23 ~ 26℃，相对湿度 80% 以上的条件有利于发病。

【防治措施】

（1）农业防治：加强水肥管理，促进植株健壮生长，尤其在开花结果期应及时、均匀浇水，保持地面湿润，增施磷、钾肥，促进果实发育，减轻病害；采取地膜栽培，栽培密度要适宜，促进植株根系发育，增强抗性；防治其他病虫害，减少日灼果产生，防止黑斑病病菌借机侵染；病果要及时摘除，收获后要彻底清除田间病残体并深翻土壤。

（2）药剂防治：发病初期及时进行药剂防治，喷洒58%雷多米尔·锰锌可湿性粉剂500倍液，或58%甲霜灵·锰锌可湿性粉剂500倍液，或70%代森锰锌可湿性粉剂500倍液，或64%杀毒矾可湿性粉剂500倍液，或80%代森锰锌可湿性粉剂800倍液，或60%百菌通可湿性粉剂500倍液，或40%克菌灵可湿性粉剂400倍液，或40%克菌丹可湿性粉剂400倍液，每隔7天喷1次，连喷2 ~ 3次。

12. 叶枯病

【为害症状】本病在苗期及成株期均可发生，主要为害叶片，有时也为害叶柄及茎。叶片发病初呈散生的褐色小斑点，迅速扩大后为圆形或不规则形病斑，中间灰白色，边缘暗褐色，病斑中央坏死处常脱落穿孔，病叶易脱落（图 2–12）。病害一般由下部向上扩展，病斑越多，落叶越严重。

【发病规律】病菌以菌丝体或分生孢子随病株残体遗落在土中或附着在种子上越冬，以分生孢子进行初侵染和再侵染，借气流再传播。发病高峰期，遇阴雨连绵天气，造成严重落叶，病原随风雨在田间传播为害。气温回升后苗床不及时通风、温度和湿度过高，利于发病。前期生长过旺、田间积水，易发病。

叶片病斑

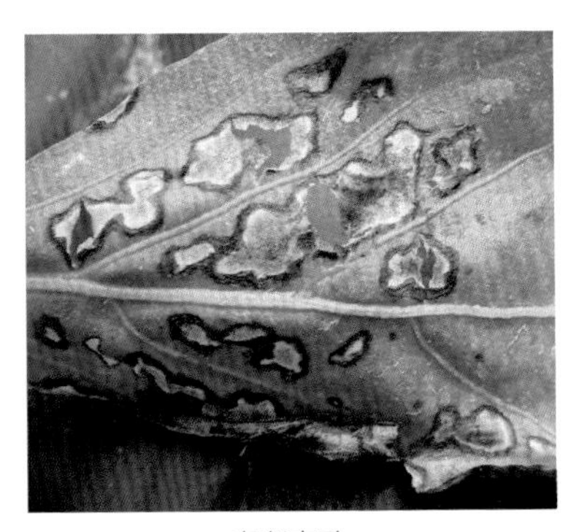
病斑穿孔

图 2-12　辣椒叶枯病为害症状

【防治措施】

（1）农业防治：实行轮作，与玉米、花生、棉花、豆类或十字花科作物等实行2年以上轮作；及时清除病残体；培育壮苗，应使用腐熟的有机肥配制营养土，育苗过程中注意通风，严格控制苗床的温湿度；加强管理，合理施用氮肥，增施磷、钾肥，定植后注意中耕松土，雨季及时排水。

（2）种子处理：用50%苯菌灵可湿性粉剂1 000倍液+50%福美双可湿性粉剂600倍液，浸种半小时再用清水浸种8小时后催芽或直接播种；或每50千克种子用2.5%咯菌腈悬浮种衣剂50毫升，以0.25～0.5千克水稀释药液后均匀拌和种子，晾干后播种。

（3）药剂防治：发病初期，可采用68.75%噁唑菌酮·锰锌水分散粒剂800倍液，或560克/升嘧菌·百菌清悬浮剂800～1 200倍液，或64%氢铜·福美锌可湿性粉剂600～800倍液，或70%丙森·多菌灵可湿性粉剂600～800倍液，或47%春雷·王铜可湿性粉剂700倍液，或10%苯醚甲环唑水分散粒剂2 000倍液+70%代森联干悬浮剂600倍液，兑水均匀喷雾，视病情隔7～10天喷1次。

13. 白粉病

【为害症状】本病主要为害叶片，老熟或幼嫩叶片均可受害。发病初期叶背首先出现白色粉状物，只有对白粉病非常敏感的品种，病原菌才会在叶面出现。随病情发展，病斑逐渐扩大并增多，呈黄绿色或淡黄色不规则形，病斑边缘界限不明显，病斑多时能融合成片，致使全叶变黄、早落，发病严重时植株仅剩顶端数片嫩叶（图 2-13）。

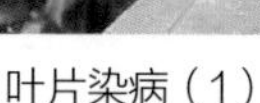

叶片染病（1）

叶片染病（2）

图 2-13 辣椒白粉病为害症状

【发病规律】本病是由鞑靼内丝白粉菌引起的，病菌以闭囊壳随病叶在地表越冬。越冬后产生分生孢子，借气流传播。温度 25 ~ 28℃、相对湿度 50% ~ 80% 以及弱光照有利于病害的发生和流行。一般以生长中后期发病较多，露地和保护地均可发生，保护地栽培一般春夏季发生严重，露地栽培春末、夏季和秋季都可发生，8 月中下旬至 9 月上旬天气干旱时易流行。

【防治措施】

（1）农业防治：选用抗病品种；选择地势较高、通风良好、排水良好地块种植；增施磷、钾肥，生长期避免施氮肥过多。

（2）药剂防治：发病初期可用25%三唑酮可湿性粉剂1 500倍液，或20%三唑酮乳油1 500倍液，或50%多菌灵可湿性粉剂800倍液，或70%甲基硫菌灵可湿性粉剂800倍液，或30%氟菌唑可湿性粉剂1 000倍液，或47%春雷·王铜可湿性粉剂800倍液，或10%苯醚甲环唑水分散粒剂2 500倍液，或12.5%烯唑醇可湿性粉剂1 500倍液，或40%氟硅唑乳油8 000倍液喷雾，每隔7天喷1次，连续喷3 ~ 4次。

14. 白星病

【为害症状】本病主要为害叶片，苗期和成株期均可染病。叶片染病，病斑圆形或椭圆形，边缘深褐色且稍隆起，中央灰白色，其上散生黑色小粒点，即分生孢子器，田间湿度低时，病斑易破裂穿孔。发病后期造成大量落叶（图 2–14）。

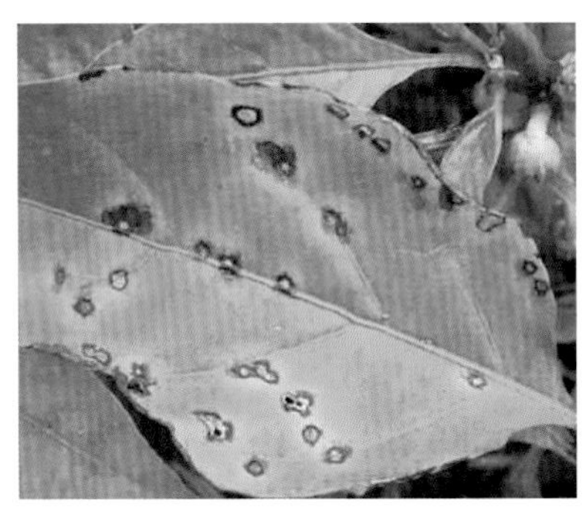
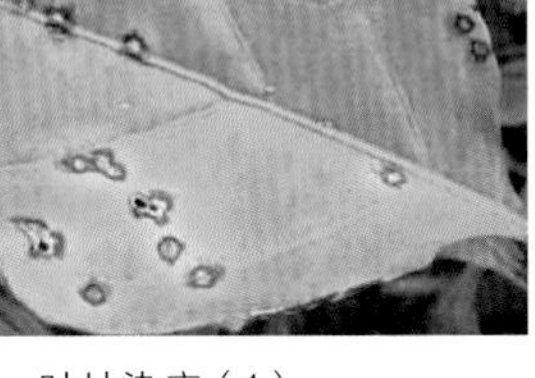

叶片染病（1）　　叶片染病（2）

图 2–14　辣椒白星病为害症状

【发病规律】病菌以分生孢子器在病残体上、种子上或遗留在土壤中越冬。翌年条件适宜时侵染叶片并繁殖，借风雨传播蔓延进行再侵染，高温高湿条件易发病。

【防治措施】

（1）农业防治：选用抗病品种；采收后彻底清除病残体，集中烧毁；与其他蔬菜隔年轮作。

（2）化学防治：发病初期可用波尔多液1：1：（200 ~ 320），或80%代森锌可湿性粉剂700 ~ 800倍液，或12%松脂酸铜乳油500倍液，或14%络氨铜水剂300倍液喷雾。

15. 白绢病

【为害症状】本病主要为害茎基部和根部，发病初期茎基部呈暗褐色，其上长出白色绢丝状菌丝体，呈辐射状扩展，四周尤为明显；后期在病部菌丝上产出褐色白菜籽状小菌核，湿度大时，菌丝体在地表向四周扩散，也产生褐色至深褐色小菌核（图 2-15）。

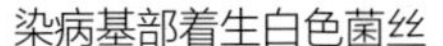
染病基部着生白色菌丝

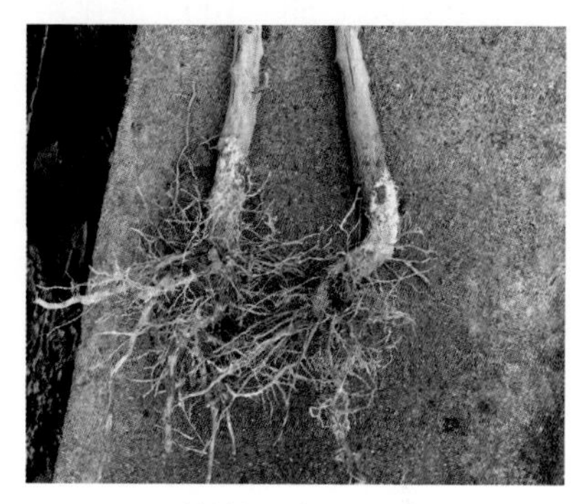

茎基部和根部染病

图 2-15　辣椒白绢病为害症状

【发病规律】温度对辣椒白绢病病菌菌核的萌发和菌丝生长都有显著影响。菌丝在 30 ~ 35℃生长最快，低于 10℃不生长，10 ~ 15℃生长缓慢，45℃以上高温对菌丝生长有明显的抑制作用，持续 2 ~ 3 天的高温即能抑制菌丝生长，相对湿度 100% 是菌丝生长的最佳湿度。病害发展在土壤含水量 15% 时速度最快，随土壤含水量增大，病害反而减轻。pH 值 4.0 ~ 7.2 的中性偏酸环境下菌核的萌发率最高，碱性环境不利于菌核萌发和菌丝生长。

【防治措施】

（1）农业防治：定植前提前6周用透明的塑料薄膜覆盖空闲的垄面，覆盖之前尽量浇湿土壤，太阳暴晒杀菌，使5厘米深的表层土温度升高12℃，土壤温度达到45℃以上。深耕可将表层土壤中的病菌翻入深土层，病菌菌核在深土层中难以萌发。施用充分腐熟的有机肥，适当追施硫酸铵、尿素、硝酸钙等含氮肥料，提高土壤中氮的含量。整地时亩施消石灰100 ~ 150千克，使土壤呈中性至微碱性；在田间病株上的菌核形成前拔除病株，在病穴处撒上消石灰消毒。

（2）生物防治：用培养好的木霉菌在发病前拌土或制成菌土撒施，每亩用菌1千克，用菌量占菌土的0.3% ~ 1.2%，防效可达70%以上。

（3）药剂防治：发病初期可用20%甲基立枯磷乳油800倍液灌根，或按1∶（50～100）的比例拌细土撒在病部根茎处，或用40%五氯硝基苯粉剂1 000倍液灌根。

16. 菌核病

【为害症状】本病为害辣椒幼苗、茎部、叶片和果实，苗期发病在茎基部呈水渍状病斑，以后病斑变浅褐色，环绕茎一周，湿度大时病部易腐烂，无臭味，干燥条件下病部呈灰白色，病苗立枯而死。成株期主要发生在主茎或侧枝的分杈处，病斑环绕分杈处，表皮呈灰白色，从发病分杈处向上的叶片青萎，剥开分杈处，内部往往有鼠粪状的小菌核，病斑下木质部朽烂、干枯（图2-16）。果实染病，从脐部开始呈水渍状湿腐，逐步向果蒂扩展至整果腐烂，湿度大时果表长出白色菌丝团。

茎秆染病

染病茎秆内部产生菌核

图2-16　辣椒菌核病为害症状

【发病规律】病菌主要以菌核在土中或混杂在种子中越冬和越夏。萌发时产生子囊盘及子囊孢子。子囊孢子成熟后，从子囊顶端逸出，借气流传播，先侵染衰老叶片和残留在花器上或落在叶片上的花瓣后，再进一步侵染健壮的叶片和茎。病部产生白色菌丝体，通过接触，进行再侵染。发病后期在菌丝部位形成菌核，菌核没有休眠期，在干燥土壤中可存活3年，但不耐潮湿，一年后即丧失活力。病菌喜温暖、潮湿环境，发病最适宜的气候条件为温度15～24℃，相对湿度 85% 以上。早春和晚秋多雨，易引起病害流行。地势低洼、排水不畅、连作、棚室湿度高、偏施氮肥、植株生长差等的田块发病重。

【防治措施】

（1）种子消毒：用种子重量0.4% ~ 0.5%的50%多菌灵可湿性粉剂，或50%扑海因可湿性粉剂，或60%多菌灵超微粉拌种后播种，清除混在种子中的菌核。

（2）农业防治：与禾本科作物实行3 ~ 5年轮作；及时深翻，覆盖地膜，防止菌核萌发出土；进行土壤消毒；发现病株及时拔除或剪去病枝，集中深埋或烧毁等。

（3）化学防治：发病初期可喷施50%多菌灵可湿性粉剂500倍液，或70%甲基托布津可湿性粉剂1 000 ~ 2 000倍液，或50%速克灵可湿性粉剂2 000倍液，或40%菌核净可湿性粉剂1 000 ~ 1 500倍液，或30%菌核利可湿性粉剂1 000倍液。每隔10天喷1次，连喷2 ~ 3次。

17. 斑枯病

【为害症状】本病主要为害叶片，在叶片上出现白色至浅灰黄色圆形或近圆形斑点，边缘明显，病斑中央有许多小黑点，即病原菌的分生孢子器。

在发病初期叶面会出现褪绿色斑点，叶背出现水浸状圆斑，随着病症的发展，叶面会出现褐色圆形病斑，病斑中央有黑色的小点，这些黑点是病菌繁殖产生的孢子。病斑直径2 ~ 4毫米（图2–17）。随病情发展可连接成带状，严重时中部穿孔。

叶片病斑产生黑色霉点

叶面出现褪绿色斑点

图 2–17　辣椒斑枯病为害症状

【发病规律】病菌以菌丝体和分生孢子器在病残体、多年生茄科杂草或种子上越冬，成为翌年初侵染源。一般分生孢子器吸水后，器内胶质物溶解，分生孢子借风雨传播或被雨水反溅到辣椒植株上，从气孔侵入，后在病部产生分生孢子器及分生孢子，扩大为害。病菌发育适温为22 ~ 26℃，12℃以下、28℃以上发育不良。高温条件有利于孢子从分生孢子器内溢出，适宜相对湿度为92% ~ 94%，若湿度达不到则不发病。如遇多雨天气，特别是雨后转晴及辣椒植株生长衰弱、肥料不足时，容易发病。

【防治措施】

（1）农业防治：苗床用新土或2年内未种过茄科蔬菜的阳畦或地块育苗，定植田与非茄科作物实行3 ~ 4年轮作；从无病株上留种，并用52℃温水浸种30分钟，取出晾干后催芽播种；选用抗病品种；高畦栽培，注意田间排水降湿；加强田间管理，合理施肥，增施磷、钾肥；避免种植过密，保持田间通风透光及地面干燥；采收后把病残物深埋或烧毁。

（2）化学防治：发病初期喷洒50%硫黄·甲硫灵悬浮剂800倍液，或50%异菌脲悬浮剂1 000倍液，或64%杀毒矾可湿性粉剂500倍液，或70%代森锰锌1 500倍液，每隔7 ~ 10天喷1次，视病情连续防治2 ~ 3次。

18. 褐腐病

【为害症状】本病主要为害花器和果实。花器染病后变褐腐烂，脱落或掉在枝上。果实染病后变褐软腐，果梗呈灰白色或褐色，染病组织逐渐失水干枯，湿度大时病部密生白色至灰白色茸毛状物，顶生黑色大头针状球状体，即病菌孢囊梗和孢子囊（图 2–18）。

【发病规律】低温高湿，日照不足，雨后积水，植株伤口多时，易发病。

【防治措施】

（1）农业防治：选择地势高的地块种植，施用充分腐熟的有机肥；注意通风，雨后及时排水，严禁大水漫灌；生长季节，要及时摘

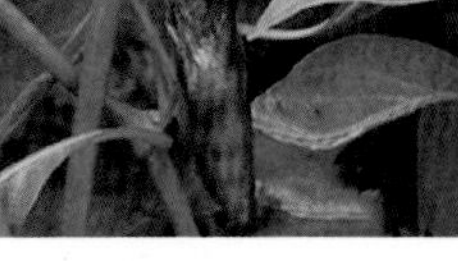

果实染病软腐

果实染病干枯

图 2-18　辣椒褐腐病为害症状

除残花病果。

（2）化学防治：开花至幼果期喷药，可选用50%苯菌灵可湿性粉剂1 500倍液，或75%百菌清可湿性粉剂600倍液，或58%甲霜灵·锰锌可湿性粉剂500倍液，每隔10天喷1次，连续喷2～3次。

19. 霜霉病

【为害症状】本病主要为害叶片、叶柄及嫩茎。叶片染病后出现浅绿色不规则病斑，叶背有稀疏的白色薄霉层，病叶变脆较厚，稍向上卷，后期叶易脱落。叶柄、嫩茎染病后呈褐色水渍状，病部出现白色稀疏的霉层（图 2-19）。本病田间症状与白粉病近似。

叶片产生病斑

叶片出现白色霉层

图 2-19　辣椒霜霉病为害症状

【发病规律】病菌以卵孢子越冬。翌年条件适宜时产生游动孢子，借风雨传播蔓延，进行再侵染，经多次再侵染形成流行。一般温度 20 ~ 24℃，相对湿度 85% 以上，阴雨天气多或灌水过多及排水不及时的情况下发生较重。

【防治措施】

（1）农业防治：选用抗病品种，从无病地留种；实行2年以上的轮作；清洁田园，病残体集中烧毁，及时耕翻土地；配方施肥，合理密植。

（2）化学防治：发病初期喷洒20%霜脲氰·代森锰锌悬浮剂2 000倍液，或1∶1∶200倍式波尔多液，或90%三乙膦酸铝可湿性粉剂500倍液，或50%琥铜·乙膦铝可湿性粉剂500倍液，防治1 ~ 2次。

20. 绵腐病

【为害症状】苗期茎部、成株期果实均可发病。苗期发病，幼苗茎部腐烂，缢缩猝倒而死。成株期果实发病，病部褐色湿腐，湿度大时病部长出白色致密絮状霉层，严重时整个果实发病，最后腐烂（图 2-20）。

果实病部着生白色霉层

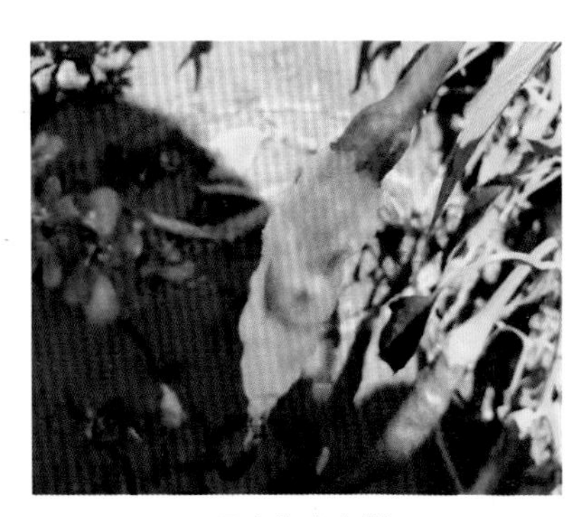
果实染病腐烂

图 2-20　辣椒绵腐病为害症状

【发病规律】多发生在雨季，地势低洼的地方或积水处发病重。

【防治措施】

（1）选择地势高，排水良好的地块种植。地势低平，应高畦栽培，最好地膜覆盖，或近雨季时地面敷草。

（2）注意栽培不要过密，及早搭架，整枝打杈，中期适度打去植株下部老叶，降低株间湿度。

（3）合理施肥，避免偏施、过施氮肥，增施钾肥，雨后排水，确保雨后、灌水后地面无积水。

（4）防止生理裂果，果实成熟后及时采收。

（5）发病初期药剂防治，可喷施25%甲霜灵可湿性粉剂800倍液，或64%噁霜·锰锌可湿性粉剂500倍液，或40%乙膦铝可湿性粉剂300倍液，或58%甲霜灵·锰锌可湿性粉剂500倍液，或72.2%霜霉威水剂600倍液，或72%霜脲氰·代森锰锌可湿性粉剂500倍液，或77%氢氧化铜可湿性粉剂600倍液。

（二）细菌性病害

细菌性病害是由细菌侵染所致的病害，如软腐病、青枯病等。侵害植物的细菌都是杆状菌，大多数具有一至数根鞭毛，可通过自然孔口（气孔、皮孔、水孔等）和伤口侵入，借流水、雨水、昆虫等传播，在病残体、种子、土壤中越冬，在高温高湿条件下容易发病。细菌性病害症状表现为萎蔫、腐烂、穿孔等，发病后期遇潮湿天气，在病害部位溢出细菌黏液，有明显恶臭味，是细菌性病害的特征。

1. 青枯病

【为害症状】发病时植株迅速萎蔫、枯死，茎叶仍保持绿色。挤压病茎的褐变部位，有乳白色菌液排出。苗期症状并不明显，坐果期开始发病，发病初期植株仅在中午时出现萎缩现象，傍晚会恢复正常。当天气干燥或温度过高时，发病约 3 天后植株就会全部萎缩死亡（图 2–21）。

【发病规律】本病是土壤传播的细菌性病害，病菌同病株残体一同进入土壤，长期生存形成侵染源。土壤水分对病菌在土壤中的生存影响极大，在湿度大的土壤中，病菌可以生存长达 2 ~ 3 年；而在干燥的土壤中，只能生存几天。病菌在土壤中并非以休眠状态生存，而是在发病植株或某种杂草的根际进行繁殖。生存在土壤中的青枯病菌，

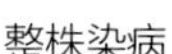
整株染病

植株枯死

图 2-21　辣椒青枯病为害症状

主要是从作业过程中造成的伤口侵染植株，或者是从根瘤线虫、蓝光丽金龟幼虫等根部害虫造成的伤口侵染植株，在茎的导管部位和根部发病；有时也会从无伤口细根侵入植株。病菌在 10 ～ 41℃下生存，在 35 ～ 37℃发育最为旺盛。一般从气温达到 20℃时开始发病，地温超过 20℃时发病严重。病菌侵入作物后进入维管束，并通过增殖堵塞输导系统，使水分不能进入茎叶导致植株青枯。病菌一旦进入维管束，就很难清除。发生青枯病的原因多为高温高湿、重茬连作、地洼土黏、田间积水、土壤偏酸、偏施氮肥等。

【防治措施】

（1）实行轮作：有计划地轮作，能有效降低土壤含菌量，减轻病害发生。

（2）改良土壤：及时在土壤中追加钾肥以改善土质。

（3）优化栽培方式：采用高垄栽培方式，配套田间沟系，降低田间湿度，同时增施磷、钙、钾肥料，促进作物健壮生长，抗病能力提高。

（4）培育壮苗：采用营养钵、肥团、温床育苗，培育矮壮苗，以增强作物抗病、耐病能力。

（5）喷施微肥：可促进植株维管束生长发育，提高植株抗病耐病能力。

（6）药剂防治：田间发现零星病株，立即拔除。病穴用20%石灰水溶液浇灌消毒，防止土壤病菌扩散。田间病害连片发生时，应用0.1亿CFU/克多粘类芽孢杆菌细粒剂300倍液，或30%噻森铜悬浮剂67～107毫升/亩，或5亿CFU/克荧光假单胞杆菌颗粒剂300～600倍液灌根，每隔10～15天灌1次，连续灌2～3次。用35%甲霜·福美双可湿性粉剂400～800倍液，或42%三氯乙腈尿酸可湿性粉剂30～50克/亩，或20%噻菌铜悬浮剂300～700倍液喷雾，每隔7～10天喷1次，连续喷2～3次。

2. 软腐病

【为害症状】本病主要为害果实。病果初生水浸状暗绿色斑，后变褐软腐，具恶臭味，内部果肉腐烂，果皮变白，整个果实失水后干缩，挂在枝蔓上，稍遇外力即脱落（图 2–22）。

果实染病腐烂

果实全果腐烂

图 2–22　辣椒软腐病为害症状

【发病规律】本病是由欧氏杆菌侵染引发的病害，病菌附着在土壤或者种子上，通过灌溉水或雨水飞溅从伤口侵入，又可通过烟青虫及风雨传播，还可随昆虫进行大范围传播。田间低洼易涝，钻蛀性害虫多或连阴雨天气多、湿度大时易流行。

【防治措施】

（1）与非茄科及十字花科蔬菜进行2年以上轮作。

（2）及时清洁田园，尤其是要把病果带出田外烧毁或深埋。

（3）培育壮苗，适时定植，合理密植。雨季及时排水，尤其地势低洼的地方不要积水。

（4）保护地栽培要加强放风，防止棚内湿度过高。

（5）及时喷洒杀虫剂防治烟青虫等蛀果害虫，加强对棉铃虫等蛀果害虫的防治，蛀果害虫会在果实上造成伤口，引发病害。可用5%功夫乳油5 000倍液，或4.5%高效氯氰菊酯3 000～3 500倍液防治鳞翅目害虫。

（6）雨前雨后及时喷洒2%氨基寡糖素水剂187.5～250毫升/亩，1 000亿孢子/克枯草芽孢杆菌50～60克/亩，50%氯溴异氰尿酸可溶性粉剂50～60克/亩，20%噻菌铜悬浮剂75～100克/亩。

3. 细菌性叶斑病

【为害症状】本病主要为害叶片。成株叶片发病，初呈黄绿色不规则油浸状小斑点，扩大后变为红褐色或深褐色至铁锈色，病斑膜质，大小不等。干燥时，病斑多呈红褐色。病健部交界明显，但不隆起，有别于疮痂病。本病扩展速度很快，个别叶片或多数叶片发病，植株仍可生长，严重时叶片大部分脱落（图 2–23）。

叶片染病

整株染病

图 2–23　辣椒细菌性叶斑病为害症状

【发病规律】本病是由丁香假单胞杆菌侵染引起的病害。病菌发育最适温度为25～28℃，最高温度为35℃，最低温度为5℃。温湿度适合时，病株大批出现并迅速蔓延，借风雨或灌溉水传播，从叶片伤口处侵入。与甜菜、白菜等蔬菜连作时发病重，雨后易见该病扩展。东北及华北通常6月始发，7～8月高温多雨季节蔓延快，9月后气温降低，扩展缓慢或停止。

【防治措施】

（1）与白菜等十字花科蔬菜实行2～3年轮作。

（2）采用高畦种植，覆盖地膜，雨季注意排水，避免大水漫灌，收获后及时清除病株残叶，集中烧毁处理。

（3）发病初期用33%春雷·喹啉酮悬浮剂1 000～1 500倍液，或47%春雷·王铜可湿性粉剂600倍液，或46%氢氧化铜水分散粒剂1 000倍液进行喷洒，每隔7～10天喷1次，连续喷2～3次。

4. 疮痂病

【为害症状】本病在幼苗和成株期均可发生，植株所有部分几乎都能发病。初期叶片出现水渍状褪绿斑点，扩大后变为圆形或不规则形病斑，边缘暗褐色，稍隆起，中央部位色淡，稍凹陷，病斑常相互连接形成大型不规则病斑。如病斑沿叶脉发生时，常使叶片畸形。发病严重的叶片，叶缘、叶尖变黄干枯，最后脱落。茎部病斑为褐色短条状，稍隆起，纵裂。果实病斑为近圆形，隆起，褐色，疮痂状，湿度大时，疮痂中间有菌液溢出（图2–24）。

【发病规律】病原细菌主要在种子表面越冬，也可随病残体在田间越冬。旺长期易发病，病菌从叶片上的气孔侵入，潜育期3～5天；在潮湿情况下，病斑上产生的灰白色菌脓借雨水飞溅及昆虫作近距离传播。发病适温27～30℃，高温高湿条件时病害发生严重，多发生于7～8月，尤其在暴风雨过后，容易形成发病高峰。高湿持续时间长、叶面结露对该病发生和流行至关重要。

【防治措施】

（1）合理轮作，可与葱、蒜、水稻或大豆实行2～3年轮作；选

叶片染病（1）

叶片染病（2）

茎部染病

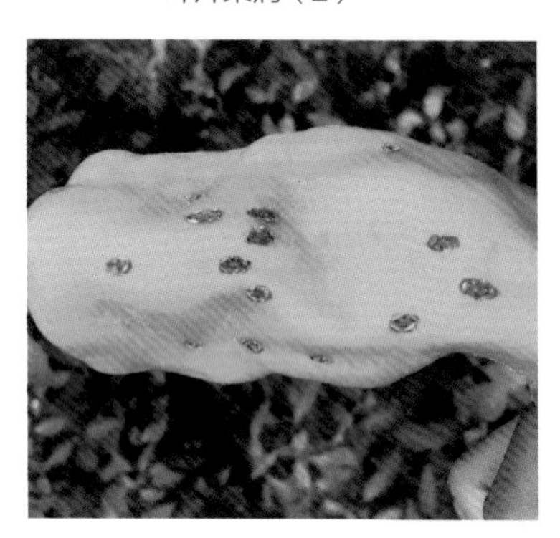
果实染病

图 2-24　辣椒疮痂病为害症状

用排水良好的砂壤土，移栽前大田应浇足底水，施足底肥，并对地表喷施消毒药剂加新高脂膜对土壤进行消毒处理。

（2）播种前可用55℃温水加新高脂膜浸种15分钟，移入冷水中冷却后催芽播种。加强苗期管理，适期定植，促早生根，合理密植；移栽后应喷施新高脂膜防止地上水分蒸发、苗体水分蒸腾，缩短缓苗期，使辣椒苗壮成长。

（3）加强田间管理，及时深翻土壤，加强松土、浇水、追肥，促进根系发育，提高植株抗病力，并注意氮、磷、钾肥合理搭配；同时在辣椒生长期提高授粉质量，使果蒂增粗，防止落叶、落花、落果，使辣椒着色早、辣味香浓。

（4）药剂防治：可选用1∶1∶200倍的波尔多液，或60%琥乙膦铝可湿性粉剂500倍液，或77%可杀得可湿性粉剂400～500倍液喷雾。以上药剂交替使用，每隔7～10天喷1次，视病情连喷2～3次。

（三）病毒病

【为害症状】本病由于侵染病毒的种类不同，其症状表现也有不同，主要有花叶型、黄化型、坏死型、畸形型 4 种类型（图 2–25）。

（1）花叶型：典型症状是病叶、病果出现不规则褪绿、浓绿与淡绿相间的斑驳，植株生长无明显异常，但严重时病部除斑驳外，病叶和病果畸形皱缩，叶明脉，植株生长缓慢或矮化，结小果，果难以转红或只局部转红、僵化。

（2）黄化型：病叶变黄，严重时植株上部叶片全变黄色，形成上黄下绿，植株矮化并伴有明显的落叶。

（3）坏死型：包括顶枯、斑驳坏死和条纹状坏死。顶枯指植株枝杈顶端幼嫩部分变褐坏死，其余部分症状不明显。斑驳坏死可在叶片和果实上发生，病斑红褐色或深褐色，不规则形，有时穿孔或发展成黄褐色大斑，病斑周围有一深绿色的环，染病叶片迅速黄化脱落。条纹状坏死主要表现在枝条上，病斑红褐色，沿枝条上下扩展，病部落叶、落花、落果，严重时整株枯干。

（4）畸形型：叶片畸形或丛簇状，开始时植株心叶叶脉褪绿，逐渐形成深浅不均的斑驳，叶面皱缩，以后病叶增厚，产生黄绿相间

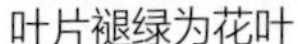

叶片褪绿为花叶

果实畸形

图 2–25　辣椒病毒病为害症状

叶片黄化畸形　叶片黄化

顶部丛簇状　顶部枯死

叶片皱缩卷曲　叶片黄化卷曲

图 2-25　辣椒病毒病为害症状（续）

叶片脉间黄化失绿

整株皱缩畸形

整株矮化畸形

整株叶片褪绿皱缩

青果褪色花斑

红果褪色花斑

图 2-25　辣椒病毒病为害症状（续）

的斑驳或大型黄褐色坏死斑，叶缘向上卷曲；幼叶狭窄，严重时呈线状，后期植株上部节间短缩呈丛簇状。重病果果面有绿色不均的花斑和疣状突起。

【发病规律】本病是由几种病毒复合侵染的病害，目前我国发现的辣椒病毒有 20 多种，其中烟草花叶病毒（TMV）和黄瓜花叶病毒（CMV）较为常见。近年来，河南多个地区检测到番茄斑萎病毒（TSWV）、辣椒脉黄化病毒（PeVYV）等类型。辣椒病毒病传播方式主要分为三大类：昆虫传播、种子传播和接触传播。虫传昆虫主要有蚜虫、蓟马和粉虱等刺吸式口器昆虫，通过蚜虫传播的病毒有 CMV、PVY、BBWV-2 等，通过蓟马传播的病毒有 TSWV，通过烟粉虱传播的病毒有 TYLCV。少数病毒如 TMV 可通过种子传播，而有些病毒如 CMV、TMV、PVY 还可通过机械摩擦、人为接触传播。辣椒虫传病毒的发生与桃蚜或棉蚜、西花蓟马、烟粉虱的发生情况紧密相关。在高温、干旱年份发病重，主要通过种子、移栽伤口和蚜虫等昆虫进行传播侵染。最易感病生育期为苗期至坐果中后期，发病潜育期 10 ~ 25 天。此外，土壤缺钙、钾、锌及管理粗放的田块，也容易发生病毒病。辣椒定植偏晚或栽植在地势低洼、土壤贫瘠的地块上发病较严重。与茄科蔬菜连作，发病也严重。辣椒品种间的抗病性也不同，一般线椒发病率较低，甜椒发病率较高。

【防治措施】

（1）农业防治：①选用抗病、耐病品种。选用抗病品种是防治辣椒病毒病最有效的方法，一般辣味椒比甜味椒抗病，尖椒或牛角椒品种比灯笼形品种抗病，果实朝天形比朝地形品种抗病，早熟品种比晚熟品种抗病，不同地区应根据当地的气候条件和种植方式有针对性地选择抗病品种。②种子消毒。用55℃温水浸种20分钟，或用10%磷酸三钠浸种20 ~ 30分钟，清水冲洗干净后催芽、播种，可有效杀灭种子中携带的病毒。③合理轮作。不与茄科作物或其他寄主作物轮作、邻茬或套种，与病毒非寄主作物如玉米、小麦实行3年以上轮作，能减少病毒来源和传染。④加强田间管理。选地势高、肥力较好、能灌能排的田块高垄覆膜栽培；培育适龄壮苗，合理密植；加强水肥管理，以有机肥为主，深翻、精细整地，增施磷、钾肥，控制氮肥用量，同时避免土壤过于干旱，促进植株健康生长，从而提高其抗病能力；注意通风，防止徒长，保花、保果；做好田园清洁，铲除田间周边病毒及介体昆虫寄生杂草；发现病株及时拔除，并采取田外掩埋处理；生产季结束后及时清除田间残留的病残体，减少病毒初侵染源。

（2）物理防治：采用60目防虫网对传毒昆虫进行有效的物理隔离，利用蚜虫、粉虱对黄色及蓟马对蓝色有强烈的趋向性，悬挂黄、蓝板诱杀成虫。黄、蓝板与性诱剂相结合效果更佳，能较大程度地降低传毒昆虫的虫口密度从而减轻病毒病的发生。

（3）化学防治：①防治传毒昆虫。在传毒昆虫蚜虫、烟粉虱、蓟马为害初期可选用阿维菌素、乙基多杀菌素、印楝素等生物源农药；当害虫大量发生时选用吡虫啉、吡蚜酮、啶虫脒、噻虫嗪、呋虫胺、烯啶虫胺、高效氯氟氰菊酯等作为补充药剂交替使用，生产上常施用噻虫啉+螺虫乙酯、阿维菌素+螺虫乙酯、噻虫嗪+联苯菊酯、氯噻啉+高效氯氟氰菊酯等复配剂来杀死媒介昆虫，减少病毒传播。②防治病毒病。病毒一旦侵染辣椒后就很难被杀死，但可以采取钝化、降低其复制速度的方法提高植物的抗病性。常用病毒钝化剂有烷醇·硫酸铜、琥铜·吗啉胍等，病毒抑制剂有吗胍·乙酸酮、宁南霉素、氯溴异氰尿酸、辛菌胺醋酸盐等，植物增抗剂有香菇多糖、氨基寡糖素、低聚糖素等。可在不同的发病时期有针对性地选择药剂对辣椒病毒病进行防控，即在发病前施用植物增抗剂和病毒钝化剂，在发病初期及中期施用病毒抑制剂。

（四）根结线虫病

【为害症状】本病在苗期和成株期均可发生。主要为害辣椒根部，根部感染根结线虫后，形成大小不等的瘤状根结，出现烂根等症状，造成地上辣椒生长衰弱，叶缘发黄或枯焦，植株僵老萎蔫，停止生长，果实小且结果少，逐渐死亡。在植株根部能见到侧根、须根上长出许多大小不等的瘤状物，有的呈串珠状，有的似鸡爪状，根结初为白色，表面光滑，较坚实，后期变成淡褐色并腐烂。剖开瘤状物，可见里面有半透明白色针头大小的颗粒即是雌成虫（图 2–26）。一旦水分重时，更能引起病株根部腐烂。气候干燥时或中午前后，地上部植株会出现萎蔫症状，受害较轻时症状不明显，辣椒根结线虫病发病后期会导致植株枯死。

根部染病产生瘤状物

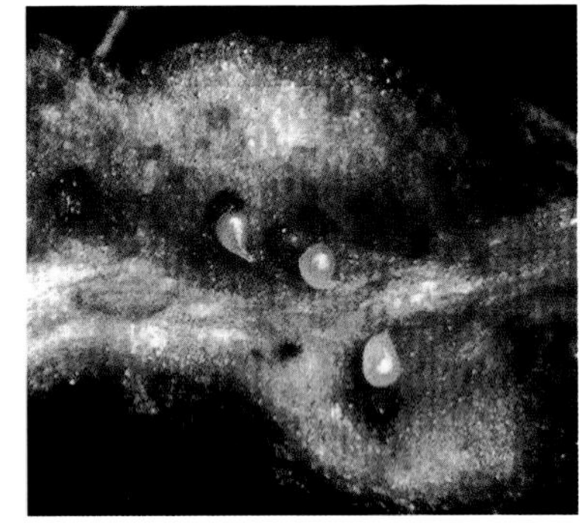
根结线虫

图 2-26 辣椒根结线虫病为害症状

【发病规律】重茬、施用未腐熟的农家肥或施肥不合理，土壤中的有益菌不足，有害菌过多，土壤中根结线虫数量增加。辣椒根结线虫一般在土壤 5 ~ 30 厘米处生存，成虫、卵、2 龄幼虫随病残体遗留在土壤中越冬，越冬卵孵化出的幼虫和成虫都由根部侵入，循环往复，不断进行再侵染。染病的土壤、植株及灌溉水是根结线虫的主要传播途径。辣椒根结线虫一般可存活 1 ~ 3 年，生存最适温度为 15 ~ 30℃，主要以 2 龄幼虫从寄主根尖附近侵入时留下伤口，从而导致辣椒疫病、枯萎病和立枯病的发生。我国南方温湿环境有利于根结线虫为害，北方连作重茬地种植棚室辣椒，辣椒根结线虫发病更为严重，尤其是越冬栽培辣椒的产区连作重茬，辣椒根结线虫病发生普遍。

【防治措施】

（1）无土培育无根结线虫壮苗：采用无土育苗是避免辣椒根结线虫为害的重要措施之一。因为无土育苗可培育壮苗，避免早期受到辣椒根结线虫的为害。

（2）采用嫁接技术：利用抗根结线虫的品种作砧木进行嫁接栽

培，能有效地防止根结线虫为害，且种植一茬后，可明显减轻根结线虫对下茬作物的为害。

（3）合理轮作，深翻土壤：大棚和温室内采用韭菜与辣椒的轮作，因为根结线虫不侵害韭菜。

（4）加强田间管理：及时清除病残根，增施有机肥，合理灌溉，促进新根生长，增强植株抗病能力。

（5）化学药剂防治：在移栽前，全田撒施杀灭根结线虫的药剂，能有效避免辣椒苗期受根结线虫为害导致死苗烂棵、生长缓慢等。化学药剂防治可以采用灌根法，每亩用10%噻唑膦颗粒剂1.5千克或5%阿维菌素颗粒剂15.0～17.5克。

二、非侵染性病害

非侵染性病害是由非生物因素引起的病害，不能互相传染，没有侵染过程，又称为生理性病害。非侵染性病害的非生物因素有环境因素异常引起的水分供应失调（导致旱害或涝害）、温度过高或过低（导致日灼或冻害）、日照不足或过强（导致落花、落果、徒长、卷叶、日灼等）等，营养物质缺乏，农药使用不当，施肥过量等。

（一）环境异常引发的生理性病害

1. 日灼病

【为害症状】本病主要为害果实。叶片受害，初期叶绿素褪色，叶片上形成不规则形斑块或叶缘呈漂白状，后变黄色。轻的仅叶缘呈烧伤状，严重时半叶或整个叶片永久萎蔫或干枯。结果期如果温度高于 28℃，果实受害出现日灼病，果实向阳面受阳光直射，表皮细胞被灼伤褪绿后，果皮失水变薄，呈灰色革状，日灼斑不断扩大，果皮表面变薄、皱缩，湿度大时常导致细菌感染而长出黑色或粉色霉层，出现整个果实腐烂（图 2–27）。

果实日灼病（1）

果实日灼病（2）

图 2-27　辣椒日灼病为害症状

【发病原因】白天气温超过 35℃，甚至达到 40℃，持续时间达到 4 小时以上；夜间气温在 20℃以上，同时伴有空气干燥和土壤缺水，就会造成叶片表皮组织细胞被灼伤，致使茎、叶、果实等受损伤。塑料大棚或温室栽培甜椒、辣椒，常发生高温为害。露地栽培条件下，栽植密度小，植株瘦弱，枝叶覆盖程度差，也易出现高温障碍。为害盛期保护地栽培为 4 ~ 6 月，露地栽培为 7 ~ 8 月。辣椒果实生长中后期为害较重。一般田地发病率为 5% ~ 10%，严重者达到 30%。春夏高温、烈日、干旱天气多的年份发病较重。

【防治措施】

（1）选用耐热抗病品种：根据本地的地理环境条件选择适合本地栽培的耐热品种。

（2）与高秆作物间套种：如与玉米间套种可起到一定的遮阳降温作用。

（3）合理施肥：合理施用氮、磷、钾、钙肥，促使枝叶旺盛生长，使其及早封行和减轻后期落花、落果现象。增施钾肥、黄腐酸类肥料及喷洒含铜、锌等元素的嘉美脑白金或金点，可提高抗热性，以增强抗日灼能力。

（4）覆盖防晒：对移栽后封行前的辣椒地块在株行间采用稻草、松毛、树枝或作物秸秆覆盖，可避免烈日直射，起到防御热害的作用，可使温度下降2～4℃。

（5）搭棚遮阳：在辣椒地块搭建简易遮阳棚，顶部用遮阳网或树枝、作物秸秆覆盖，可使温度下降3～4℃。

（6）适时喷灌或深井水浇灌：浇灌既能抗旱也能降温，高温天气适时灌水能有效地改善田间小气候条件，使温度降低1～3℃，从而减轻高温对花器和光合器官的直接损害。浇灌时间应选择在上午或傍晚进行，避开午后高温时间，同时要注意浇匀、浇透，通过蒸发散热降温。采用沟灌的地块可结合墒面浇水降温。

（7）喷肥：在高温季节，可用磷酸二氢钾溶液、过磷酸钙及草木灰浸出液、硫酸锌、硼砂等连续多次进行叶面喷施，既能补充生长发育必需的水分及营养，又有利于降温增湿，以防止日灼。但喷洒时必须适当减小喷洒浓度，增加用水量。开花结果期，根外喷施保花保果剂，也可用0.03毫克/升对氯苯氧乙酸溶液喷花，对高温引起的落花具有一定的防治效果。

2. 脐腐病

【为害症状】脐腐病又称顶腐病或蒂腐病，主要为害果实，一般在果实膨大期发病。初期果实出现暗绿色或深灰色水渍状病斑，后发展为直径可达2～3厘米的病斑。随着果实的发育，病部呈灰褐色或白色扁平凹陷状，病部一般由尖部向中部蔓延，可以为害到半个果实（图2–28）。病果常提前变红，一般不腐烂。空气潮湿时病果会被某些真菌所腐生，即使腐烂也没有臭味。辣椒日灼病与脐腐病差异之处是：脐腐病病斑部位有明显凹陷，但日灼病没有；脐腐病首先出现在果实顶端部位，而日灼病发病部位不局限于果实顶部；脐腐病成片分布于田间辣椒的各个部位，而日灼病集中在辣椒的向阳部位。

【发病原因】

（1）土壤缺钙：土壤中钙元素缺乏，引起脐部细胞生理紊乱，辣椒植株内的钙转移到叶芽中，失去水分控制的能力，当土壤中含钙量低于0.2%时更易发生脐腐病。

（2）肥料过量：施用铵态氮肥或钾肥过多时，会阻碍植株对钙的吸收，出现脐腐病。或长期施用化学肥料造成土壤盐渍化和酸化，

果实脐腐病（1）

果实脐腐病（2）

图 2-28　辣椒脐腐病为害症状

导致根部受损对钙的吸收受阻，出现脐腐病。

（3）水分失调：辣椒结果期若是外界温度升高，连续数天的干热风使叶片蒸腾加剧，且果实迅速膨大需要大量的水分和养分，这时水分和养分的供应失调，导致果实脐部周围细胞生理紊乱，发生病变。

【防治措施】

（1）喷钙肥：进入结果期后，每隔7天喷1次0.1%～0.3%的氯化钙或硝酸钙水溶液，或每周喷2～3次1%过磷酸钙浸提液，也可连续喷施绿芬威3号等钙肥，效果很好，可防止发生脐腐病。

（2）科学施肥：在砂壤土上要多施腐熟鸡粪，如果土壤出现酸化现象，应施用一定量的石灰，防止一次性大量施用铵态氮化肥和钾肥。土壤碱性过重，多施腐熟的有机肥。底肥要做到无机肥与有机肥相结合，生长期也要及时补充硼、钙肥。

（3）科学浇水：结果后及时均匀浇水，防止高温为害。浇水应在上午10时之前，下午4时之后进行，避免高温干旱浇水。一般在定植时第一次浇水需要浇透，开花期则不干旱不浇水。夏季灌水宜在清晨或傍晚进行，注意做到小水勤浇。

（4）田间管理：合理密植、适度摘叶、留果，能够有效减少强光直射果面，减少日灼、脐腐病的发生概率。注意田间湿度不要过低，阴雨天后骤晴，温度迅速升高时，采取向田间喷水增加田间湿度等措施，以降低叶片的蒸腾作用。

（5）化学防治：在坐果后喷洒1%过磷酸钙，或0.1%氯化钙，或0.1%硝酸钙等，每隔7～10天喷1次，连续防治2～3次。

3. 徒长

【为害症状】本病发生在辣椒的各个生育时期。苗期徒长，茎秆细高，节长，茎黄绿，叶片变薄变黄，根系弱，营养生长旺盛，形成高脚苗。成株期徒长，植株细高，茎秆细长，叶片肥大，花蕾瘦弱，不结果实，易落花、落果（图 2-29）。

幼苗期徒长

成株期徒长

图 2-29　辣椒徒长症状

【发病原因】

（1）温度过高、光照较弱等都会影响辣椒正常生长。夜间温度高于20℃，就会导致辣椒植株过分消耗营养，出现徒长。如果光照强度不高，且又遇连续阴雨天气，植株茎叶抢夺养分，就会出现徒长。

（2）严重阴雨天气，浇水过勤，土壤过湿，相对湿度大于80%。

（3）氮肥过多，超出了辣椒生长过程中的所能承受的肥力。

（4）种植密度过大，通风能力较差，造成湿度较大。

【防治措施】

（1）培育壮苗：辣椒出苗后促控结合，适当提高夜温，在齐苗后昼夜温度宜保持在25～26℃和15～17℃。尽量延长受光时间，冬春季光照时间短，出苗后要及时撤除覆盖物，使其正常见光；夏秋季光照强烈，出苗后应逐步去除覆盖物。

（2）适时定植：辣椒苗龄达90天时即可移栽，移栽的辣椒苗不能太小，否则根系太少不容易成活，也不能太大，否则会影响早期产量。因为不同季节育苗，辣椒生长快慢不一样，所以不同茬口种植的辣椒苗龄不同，要根据时间情况适当调整。

（3）通风整枝：缓苗后田间也需要保持适宜的温度，夜间温度不得低于15℃，昼夜都要通风，夏季高温时可以用遮阳网降低温度。

（4）合理施肥浇水：出苗期间宜保持土壤湿润，出苗后则要适当减少浇水量，保持土壤见干见湿，炼苗期间不旱不浇。在基肥充足的情况下，一般在开花结果前无需浇水施肥，尤其是采用了地膜覆盖栽培方式的，在坐果后视情况浇水施肥，但是要控制氮肥的施用量，以免施用过量导致徒长。在开花结果期要协调好植株的营养生长和生殖生长，以免营养生长过旺影响到正常的坐果，同时使用生长调节剂控制营养生长。

（5）补救措施：对于已经徒长的植株，可以喷洒助壮素或矮壮素进行控旺；对于徒长而导致落花落果现象严重的，可以喷洒萘乙酸溶液。

4. 低温冷害和冻害

【为害症状】植株遇轻微低温冷害，出现叶绿素减少或在近叶柄处产生黄色花斑，病株生长缓慢。遇冰点以上较低温度的冷害，叶尖和叶缘出现水浸状斑块，叶组织变成褐色或深褐色，后呈现青枯状，有的导致落花、落叶和落果。苗期受冻害，叶片萎垂、干枯，或全部冻死。成株期受冻害，叶尖、叶缘出现水渍状斑块，叶组织变成褐色或深褐色，后呈现青枯状（图 2–30）。果实受冻害，初为水浸状，软化，果皮失水皱缩，果面出现凹陷斑，几天后腐烂。

苗期低温冷害

苗期冻害

成株期低温冷害

成株期冻害

图 2-30 辣椒低温冷害和冻害为害症状

【发病原因】辣椒冷害临界温度因品种及成熟度不同，一般在 5 ~ 13℃，8℃时根部停止生长。持续 5℃以下、0℃以上低温时发生冷害，会出现生长缓慢的低温障碍，导致落花、落叶和落果。果实在 0 ~ 4℃范围内可发生冷害，0℃持续 12 天或 4℃持续 18 天，果面出现灰褐色大片无光泽凹陷，似开水烫过。12 ~ 15℃时叶片萎缩、褪色或腐烂。遭遇 0℃以下的低温时，就会发生冻害。

【防治措施】

（1）选用耐低温品种。

（2）苗床和定植地要采用分层施肥法，施用充分腐熟的有机肥，以保持土壤疏松。

（3）采用双层膜或三层膜覆盖，要注意提高苗床或棚室地温，地温要稳定在13℃以上，必要时进行补温；低温炼苗，适期蹲苗。

（4）辣椒生长点或3～4片真叶受冻时可以剪掉受冻部分，然后提高地温，促进植株长出新的枝蔓，继续生长发育。

（5）低温季节喷施天达2116、医用青霉素200毫克/千克等提高植株抗寒能力的药剂。

5. 盐害

【土壤盐渍化表现】

（1）轻度表现：土壤表面会出现一层青苔样的物质，这种物质被称为"青霜"（图2-31）。土壤含盐量为0.189%～0.255%时，对辣椒植株的影响还不大，辣椒植株可以正常生长。

（2）中度表现：土壤表面会出现一层红色的霉状物质，这种物质被称为"红霉"（图2-31）。土壤含盐量为0.256%～0.315%时，会出现辣椒死苗、叶片发黄、植株枯萎等症状，影响辣椒植株生长，造成辣椒产量下降。

（3）重度表现：土壤会发生板结，并在土壤表面析出白色结晶，这种白色结晶被称为"白霜"（图2-31）。土壤含盐量在0.315%以上，严重影响辣椒植株生长，造成辣椒植株早衰，成片枯萎死亡。

土壤出现青霜

土壤出现红霉

土壤出现白霜

图2-31　辣椒盐害为害症状

【为害症状】

（1）种子期症状：辣椒种子盐害较轻时，会使得种子发芽不齐，发芽率降低。盐害较重时，会使得种子发霉腐烂，无法发芽。

（2）苗期症状：辣椒幼苗期盐害较轻时，幼苗植株生长缓慢，植株瘦小，发育不良。盐害较重时，辣椒幼苗会萎蔫，出现死苗现象。

（3）成株期症状：辣椒成株期盐害较轻时，辣椒叶片瘦小、卷缩，呈暗绿色，开花少，坐果率低，容易落花、落果。盐害较重时，辣椒枝叶发黄，植株连片枯萎死亡。

【发病原因】

（1）大棚温度高：大棚内温度比较高，温度也相对恒定，土壤中的水分蒸发很快。在水分蒸发时，土壤中的盐分会通过毛细作用随水分上升，并在土壤表层积累。随着日积月累，大棚内的浅土层含盐量越来越高，等到土壤浅土层含盐量达到一定程度，就会使得辣椒发生盐害，影响辣椒植株生长，造成辣椒产量下降。

（2）无雨水冲刷：大棚使用塑料薄膜覆盖，环境处于封闭状态，不会有雨水冲刷，肥料中的盐分没有流失条件，全部残留在土壤中。随着常年施肥，土壤盐分积聚越来越多，达到一定浓度后，就会使辣椒发生盐害，影响辣椒植株生长，造成辣椒产量下降。

（3）施肥比例不协调：微生物能够分解有机肥料，而有机肥料分解过程中能够不断消耗土壤中的盐分，使得土壤中的盐分越来越低。给辣椒施肥时，如果化肥和有机肥使用比例失调，化肥使用过多，有机肥使用过少，那么土壤中的有机质就会越来越少，土壤中微生物失去了生存繁衍的食物，数量也会越来越少，土壤中的盐分就不能被完全消耗。随着时间推移，土壤中盐分积聚越来越多，最后造成辣椒盐害发生。

（4）土壤水分含量过高：土壤中团粒结构能够结合土壤中的矿物质元素，并增加土壤通透性，使得土壤中的盐分能够随着水分下渗到土壤深层，避免浅层土壤盐分积聚。浇水过于频繁，会使土壤水分含量过高，破坏土壤中的团粒结构。土壤中团粒结构被破坏后，土壤通透性降低，浅层土壤的盐分就无法渗透到土壤深层，进而造成浅层土壤盐分积聚，最后使得辣椒发生盐害。

【防治措施】

（1）合理轮作：连续种植辣椒2～3年后，可以种植1年玉米或者高粱，然后再继续种植辣椒，可以有效降低大棚土壤含盐量，避免辣椒盐害发生。

（2）玉米秸秆改良土壤：对土壤进行深翻，翻耕深度最好为30～40厘米，准备好充足的玉米秸秆，把玉米秸秆粉碎，均匀撒在土壤表面，每亩地撒施1 500千克左右，在土壤表面均匀撒上一些粪肥，增加微生物数量，然后在土壤中灌水，使得水面刚好没过土壤，并密闭大棚，提高大棚温度，促进玉米秸秆分解。经过1～2个月后，打开大棚，晾干土壤，使用杀菌药物，对土壤消毒。

（3）合理施肥：①对大棚土壤进行翻耕，翻耕深度为30厘米，然后每亩地撒施优质农家肥7 500千克+饼肥300千克+碳酸氢铵50千克+生物菌肥40千克。施肥完毕后，及时采用旋耕方式，重新翻耕土壤。②辣椒幼苗定植成活后，每亩地施腐熟人粪尿500千克或5千克尿素，进行提苗。③辣椒开花期间，每亩地追施腐熟人粪尿1 500千克或15千克尿素，促进开花。④辣椒挂果初期，每亩地追施腐熟人粪尿1 000千克或硫酸铵15千克，促进挂果。⑤在辣椒盛果期，每亩地追施硫酸铵20千克+硫酸钾10千克，提高辣椒产量。

6. 涝害

【为害症状】辣椒受涝后植株沤根死苗，根部不发新根和不定根，须根或主根全部变褐至腐烂，叶片黄化枯死脱落，出现落花、落果症状，并引起病害（图 2-32）。

【发病原因】由于雨季雨水过多，土壤营养流失，土壤含水量长时间处于饱和状态，辣椒根系缺氧，导致呼吸不畅出现沤根现象。辣椒本身对水分要求十分严格，既不耐旱也不耐涝，较为适宜的土壤相对含水量在 80%左右，空气相对湿度在 60% ～ 80%。湿度过大或过小，对生长和开花坐果都不利。辣椒根系不发达，不耐涝，淹水数小

植株沤根枯死

辣椒田间涝害

图 2-32　辣椒涝害为害症状

时就会出现萎蔫，在雨涝高温时，根系吸收能力减弱，容易导致植株叶片黄化脱落及落花、落果，并常伴有病毒病发生。

【防治措施】

（1）在易发生涝害的地区要采用高畦栽培的模式，注意平整土地，开挖排水沟，在雨后可以及时排出积水。

（2）要多施用有机肥，在目前土壤有机质普遍偏低的情况下，增施有机肥有利于改良土壤，缓解土壤板结，增加土壤通透性，提高根系呼吸能力，提高土壤渗水能力。

（3）涝害发生后，要及时排涝降低土壤湿度，可以通过深耕，增加土壤透气性，同时降低土壤湿度。在雨后暴晴的情况下，可以使用遮阳网适当遮阳，减少蒸腾作用，防止生理性萎蔫。

（4）辣椒受涝后，根系活力下降，植株抗病能力减弱，同时湿度较大，容易发生病虫害，要预防软腐病、霜霉病、生理沤根等。另外喷施含氨基酸的叶面肥、磷酸二氢钾或者促生根的生长调节剂，及时补充叶面营养提高植株抗性。

（二）营养物质缺乏

1. 缺氮

【为害症状】辣椒幼苗缺氮时，叶绿素含量减少，植株生长发育不良，生长缓慢，叶片呈淡黄色，黄化从叶脉间扩展到全叶，植株矮小瘦弱并停止生长。成株期缺氮，全株叶片淡黄色且老叶先于幼叶表现失绿症状（图 2-33），花蕾脱落增多，坐果少，果实小。缺氮初期，根系比正常根系色白而细长，但数量少；后期，根系停止生长，呈现褐色，茎细，多木质，分枝少。

幼苗黄化

植株下部叶片黄化

图 2-33　辣椒缺氮症状

【发病原因】

（1）前茬施用有机肥或氮肥少导致土壤含氮量低。

（2）土壤中大量施用未经腐熟的稻壳、麦糠、锯末等，它们在土壤中需继续发酵，大量占用土壤中的速效氮，也会导致缺氮。

（3）降雨多导致氮素淋溶多时易造成缺氮。

【防治措施】

（1）施用堆肥或充分腐熟的有机肥，使用新鲜的有机物作基肥时要注意增施氮肥，采用配方施肥技术。

（2）在结果初期和盛期分别测定土壤肥力，及时补充氮肥。

（3）出现缺氮症状时，在根部随水追施硝酸铵，特别是在低温季节，追施硝酸铵比追施尿素和碳酸氢铵肥效发挥得更快。

（4）土壤板结时施用微生物肥，可以改土活土、促根壮缓苗、促长抗病，同时叶面喷施通用型腐殖酸有机叶面肥，可被快速吸收，缓解缺氮症状。

2. 缺磷

【为害症状】苗期缺磷时，植株矮小，叶色深绿，不会出现黄化现象，由下而上开始落叶，叶尖变黑枯死，生长停滞，早期缺磷一般很少表现症状。成株期缺磷时，植株矮小，叶色浓绿，表面不平整，植株下部叶片叶脉发红，叶背多呈紫红色，茎细，直立，分枝少。开花结果期容易形成短柱花，结果晚，果实小，成熟晚，有时果实上会出现紫色斑块，斑块没有固定的形状，大小不一，严重时甚至半个果实表面布满紫斑（图 2–34）。

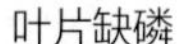

叶片缺磷

果实缺磷

图 2–34　辣椒缺磷症状

【发病原因】

（1）土壤中缺乏磷元素：磷肥移动性很差，冲施水溶肥后很快被土壤固定，不能随水下渗到根层，使得根层土壤中磷肥得不到有效补充。长期使用稻壳粪，必然造成养分投入不足，土壤中积累的磷肥就会逐渐减少，造成土壤缺磷。

（2）磷元素吸收受阻：土壤中磷元素充足，但其他条件不适宜，如地温低于10℃、土壤偏酸或紧实、地势低洼、排水不良、偏施氮肥等都会造成植株根系在短时间内磷元素吸收障碍，从而表现出缺磷症状。

【防治措施】

（1）育苗期及定植期要注意施足磷肥，培养土中要求有五氧化二磷1 000～1 500毫克，将过磷酸钙与10倍的有机肥混合施用，可大大减少磷被土壤固定的机会。

（2）缺磷时，除在根部追施过磷酸钙外，也可叶面喷洒0.2%～0.3%磷酸二氢钾或0.5%～1%过磷酸钙水溶液，可以迅速解除症状。

3. 缺钾

【为害症状】辣椒缺钾主要表现在开花结果之后。生长初期缺钾时植株生长缓慢，叶缘变黄，叶片易脱落。成株期缺钾时，下部叶片叶尖开始发黄，后沿叶缘或叶脉间形成黄色麻点，叶缘逐渐干枯，向内扩展至全叶呈灼烧状或坏死状，从老叶向心叶或从叶尖端向叶柄发展，植株易失水，造成枯萎（图2-35）。结果期缺钾表现为果实小易脱落，果实畸形，膨大受阻，坐果率低，减产明显。

植株前期缺钾

成株期缺钾

图2-35　辣椒缺钾症状

【发病原因】

（1）土壤中含钾量低或砂壤土易缺钾，忽视施用钾肥。

（2）冬季栽培辣椒，地温低、日照不足、土壤过湿等也会阻碍植株对钾的吸收。

（3）施肥不合理，大量施加氮肥，忽视磷、钾肥或者微肥的使用，因离子间的拮抗作用，影响植株对钾的吸收。

（4）生育中期果实膨大需钾肥多，易发生钾供应不足。

【防治措施】

（1）在多施有机肥的基础上，施入足量钾肥，可从两侧开沟，每亩施入硫酸钾10～15千克、草木灰100～150千克，施后覆土。

（2）叶面喷洒0.2%～0.3%磷酸二氢钾溶液和1%草木灰浸出液2～3次，每次间隔5～7天。

（3）施肥时避开高温多雨的天气，控制好水流速度，让养分得到充分的吸收，提高养分的利用率。

4. 缺钙

【为害症状】开花期缺钙表现为植株矮小，顶叶黄化，下部还保持绿色，生长点及其附近枯死或停止生长，叶片卷曲呈畸形。结果期缺钙时，叶子上会出现黄白色圆形小斑，边缘褐色，叶片从上向下脱落，后全株呈光秆；果实上出现浅褐色凹陷斑，严重缺乏时，褐色区扩大，表现为脐腐病（图 2-36）。

缺钙导致生长点坏死

缺钙导致脐腐病

图 2-36　辣椒缺钙症状

【发病原因】

（1）施肥不合理。辣椒生长过程中氮、磷、钾施用量过高，而植株对氮、钾的吸收会与钙形成竞争性拮抗，抑制辣椒对钙元素的吸收。

（2）土壤干燥、土壤溶液浓度高，也会阻碍对钙的吸收。

（3）空气湿度小，蒸发快，补水不及时及酸性土壤上都会发生缺钙。

（4）土壤缺钙。北方碱性土壤中易形成沉淀而降低有效钙含量，南方酸性土壤中钙消融性高，在降雨量大的情况下极易随雨水流失。

【防治措施】

（1）基施钙肥。辣椒对钙元素需求量较大，缺钙的土壤以基施钙肥为主，追施为辅。

（2）叶面追施钙肥。辣椒在花期至果实成熟期对钙元素的需求量较大，叶片喷施络合钙或氯化钙500～1 000倍液或磷酸氢钙500～1 000倍液，提高叶片吸收率。

（3）水肥适度。土壤干旱时应及时补充水分，降雨量大时应注意防涝，以免根系受损而阻碍钙元素的吸收。同时，多施有机肥，配方施肥，增加土壤钙素的含量。

5. 缺锌

【为害症状】辣椒缺锌时植株中部叶片开始褪色，叶脉清晰可见。随着叶脉间逐渐褪色，叶缘从黄化变成褐色。因叶缘枯死，叶片外侧稍微卷曲。缺锌症状严重时，植株顶端生长迟缓，发生顶枯，植株矮，叶片变小，叶缘出现扭曲或褶皱状茎节缩短，形成小叶丛生，出现小叶病（图 2–37）。缺锌症与缺钾症类似，叶片黄化。缺钾是叶片边缘先发生黄化，渐渐向内发展；缺锌是新叶上出现黄斑，逐渐向叶缘发展，至全叶黄化。二者的区别是黄化的先后顺序不同。

【发病原因】

（1）土壤偏碱，pH值过高，使得土壤中的锌成为难溶解的锌化合物，不能被辣椒正常吸收利用。

（2）土壤中的磷元素含量过高，与锌结合成难溶性的磷酸锌，影响辣椒对锌的吸收。

（3）光照过强容易出现缺锌症状。

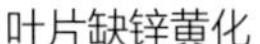
叶片缺锌黄化

叶片缺锌黄化皱缩

图 2-37　辣椒缺锌症状

【防治措施】

（1）土壤增施有机肥混合硫酸锌做基肥，每亩用量为1～2千克。

（2）土壤干燥时，浇水要小水勤浇，切不可大水漫灌。土壤湿润有利于植株对矿物质的吸收。

（3）出现缺锌症状时，叶面喷0.2%硫酸锌水溶液，每隔5～7天喷1次，连续喷2～3次。

（4）追加草木灰、腐熟的农家肥、钾肥，不要追施含磷的复合肥，避免磷肥过多抑制对锌的吸收。

（5）喷芸薹素。芸薹素可以促进细胞的分裂，能促进侧枝生成，增加花的数量，并能促进植株纵向生长。此外，芸薹素还能增加植株抗盐碱的能力，而盐碱地辣椒容易缺锌，芸薹素能促进植株对锌的吸收，使辣椒植株快速恢复生长。

6. 缺锰

【为害症状】植株矮小，呈失绿病态，一般从新叶开始出现病状，叶肉失绿，叶脉仍为绿色，呈现绿色网状。严重时，褪绿部分呈黄褐色或赤褐色斑点，有时叶片发皱、卷曲甚至凋萎（图 2-38）。

【发病原因】土壤偏碱，pH 值偏高；土壤有机质偏高，地下水位较浅；沙质、易淋溶土壤，都容易出现缺锰。此外，低温、弱光条

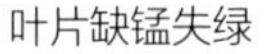

叶片缺锰失绿

新叶缺锰失绿皱缩

图 2-38　辣椒缺锰症状

件下也能抑制辣椒对锰的吸收。

【防治措施】结合有机肥，每亩施硫酸锰 0.5 ~ 1 千克；定植后用 1% 硫酸锰溶液进行叶面喷施。

7. 缺铁

【为害症状】辣椒缺铁多发生在新叶上，下部叶发生较少。新叶除叶脉外都变成淡绿色，叶片薄而软，在腋芽上也长出淡绿色的叶。严重缺铁时，新梢顶端枯死，全叶变为黄白色，并出现茶褐色坏死斑，呈枯梢现象，引起早衰（图 2-39）。

叶色变浅，叶片变薄

叶片黄白，出现坏死斑

图 2-39　辣椒缺铁症状

【发病原因】

（1）土壤含磷多，pH值很高时易发生缺铁。磷肥用量太多时，影响了铁的吸收，也容易发生缺铁。

（2）当土壤过干、过湿、低温时，根的活力受到影响也会发生缺铁。

（3）铜、锰太多时容易与铁产生拮抗作用，易出现缺铁症状。

【防治措施】

（1）采用深耕等方法降低土壤中磷含量。

（2）当pH值达6.5～6.7时，使用生理酸性肥料替换碱性肥料。

（3）出现缺铁症状时，可用浓度为0.1%～0.5%硫酸亚铁水溶液喷施辣椒，或用100毫克/千克柠檬酸铁溶液每周喷2～3次。

8. 缺硼

【为害症状】植株缺硼时顶芽停止生长，植株发育受阻，根系不发达，根瘤不发达或停止生长，最后逐渐枯萎死亡；顶部叶片黄化、扭曲、肥厚、皱缩，茎内侧有褐色木栓状龟裂；植株矮化，叶柄和叶脉硬化易折断，开花结实不正常，花蕾脱落，果实不饱满，果面有分散的暗色或干枯斑，果肉出现下陷或木栓化（图2-40）。缺硼症状易与缺钙或缺钾症状相混淆。

【发病原因】

（1）大棚重茬种植，导致土壤硼元素含量低。

（2）土壤酸化，硼元素被淋失，或过多使用石灰。

（3）土壤干燥或过湿，有机肥施用少，都容易发生。

（4）钾肥施用过量会造成缺硼。

【防治措施】

（1）合理轮作：大棚种植辣椒可选择葱蒜类、豆类、叶菜类、根菜类等轮作。

（2）平衡施肥：定植前基施有机肥，合理施用氮、磷、钾肥，底肥每亩施硼砂0.5千克或持力硼200克。

（3）防止土壤过干或过湿，注意科学肥水管理，灌水过多易导致水溶性硼流失。

顶部叶片皱缩、变厚

顶芽停止生长

顶部叶片皱缩、扭曲

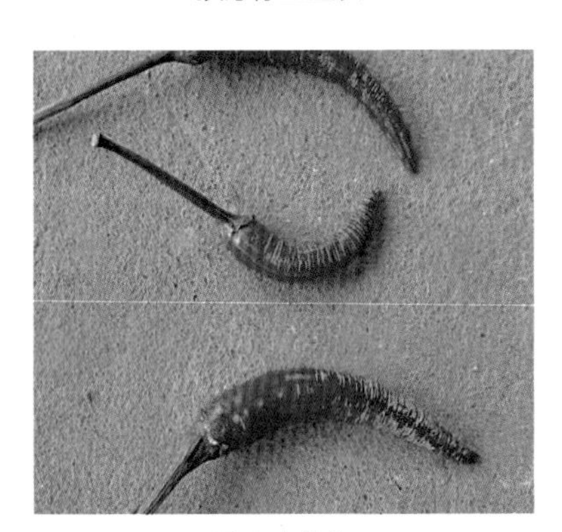

果实木栓化

图 2-40　辣椒缺硼症状

（4）补施硼肥：①硼肥一定要在开花前1～2周开始使用，也可以根部滴灌硼肥，双管齐下保证辣椒开花授粉正常，挂果能力强，高产的概率会大大增加。②当辣椒植株出现缺硼症状时，应及时向叶面喷施糖醇硼800～1 000倍液，每隔7～10天喷1次，连续喷2～3次。③叶面喷施0.1%～0.2%的硼砂或持力硼、速乐硼等硼肥，每隔5～7天喷1次，连续喷2～3次即可。

9. 缺镁

【为害症状】辣椒植株缺镁主要在结果期发生，下部叶片沿主脉两侧黄化，逐渐扩展到全叶，仅主脉、侧脉仍保持清晰的绿色。叶片缺镁从叶尖开始，逐渐向叶脉两侧扩展（图 2-41）。坐果越多，缺镁越严重，一旦缺镁，光合作用会下降，导致果实小，产量低。

叶片缺镁叶尖出现黄化（1）

叶片缺镁叶尖出现黄化（2）

图 2-41　辣椒缺镁症状

【发病原因】

（1）我国东南地区雨水多，淋溶严重，是缺镁多发地；另外，土壤环境发生变化，风化加剧，会造成缺镁。土壤酸性过高也会造成缺镁。

（2）高温干旱、多雨等天气会影响植株对镁的吸收造成缺镁，夏季强光会加重缺镁症，强光可能会破坏叶绿素，加速叶片褪绿。

（3）施用钾肥和铵态氮肥过多会造成缺镁，因过量的钾、铵离子破坏了养分平衡，抑制了植株对镁的吸收。

【防治措施】

（1）合理灌溉，促进土壤中的盐、镁含量平衡，避免镁元素过量流失。

（2）控制氮、钾肥的用量。对供镁能力差的土壤，要防止过量的氮肥和钾肥影响对镁的吸收。尤其是施肥过多的大棚，又无雨水的淋洗作用，导致根层养分积累，抑制了对镁的吸收。大棚内施氮、钾肥，最好采用少量多次的施用方式。

（3）易出现缺镁的种植地域，栽植辣椒前先测定土壤酸碱性，最好是使用含腐殖酸的水溶肥料进行追肥，改善土壤板结酸碱失衡问题。

（4）在症状出现初期，可用1%～2%硫酸镁溶液进行喷雾，每隔5～7天喷1次，连喷3～5次。也可喷施硝酸镁。

（三）药害

【为害症状】辣椒药害可为害辣椒茎叶、果实和根部，常见的症状主要有斑点、黄化、畸形、枯萎、生长停滞等情况。斑点主要发生在叶片上，有时也发生在茎秆或果实表皮上，常见的有褐斑、黄斑、网斑等。黄化主要发生在辣椒的茎叶部位，以叶片居多。由药害引起的畸形可发生在辣椒茎叶、果实和根部，常见的有卷叶、丛生、肿根、果实畸形等（图 2–42）。

叶片褪绿斑点

叶片黄化

叶片畸形皱缩

植株枯死

图 2–42　辣椒药害症状

【发生原因】

（1）叶面喷洒农药、叶面肥浓度过高，或中午前后高温时喷洒农药、叶面肥，易引起叶面卷曲、皱缩。连续阴雨天气，辣椒生长缓慢，抗性也低，对农药的耐受能力也会降低，喷药浓度过高同样也会产生药害。

（2）过量使用三唑类农药往往表现为植株受到抑制，缩头，叶片畸形变小，症状与病毒病相似。叶面喷雾用药时，如果不注意避开敏感药剂，随意加大用药量（浓度过大或连续重复施药）有可能造成药害。穴施农药或者冲施肥料不当造成烧根，也能表现类似症状。除草剂施用不当造成植株整株枯萎，甚至死亡。施用含有敌敌畏的烟熏剂杀虫次数多时，易导致叶片逐渐黄化。

（3）激素中毒多为保花保果时施用防落素或坐果灵、2，4-D不当引起，有时为了控长或促长使用赤霉酸、助壮素、爱多收等不当也会引起药害。

【防治措施】

（1）叶面追肥和喷药的浓度、时机要适宜。要按照要求的浓度配药、配肥，高温期不在强光照的中午前后给叶面喷肥和喷药。

（2）在防病时要采取多种方式，不能只依靠喷雾，还可使用烟雾剂或者弥雾机喷药。用药的浓度要轻，避免药剂浓度大灼伤叶片。

（3）已经出现为害症状的要及时缓解药害。①喷水冲洗。在药液尚未完全被吸收时，及时使用大量清水喷洒叶片，反复冲洗3～4次，尽量把植株表面的药液冲刷掉。由于多数农药易在碱性条件下减效，可在清水中加0.2%小苏打溶液或0.5%石灰水。②追施速效肥料。辣椒发生药害后，应及时浇水并追施尿素等速效肥料。可以叶面喷施1%～2%尿素或0.3%磷酸二氢钾溶液，促使植株生长，以提高抗药害能力。③喷施植物生长调节剂。如果喷施硫酸铜过量，可以喷施0.5%生石灰水进行缓解；喷施三唑类药剂产生药害，或喷激素类药物中毒后，可以使用细胞分裂素或赤霉酸缓解，一般以1毫升赤霉酸+1毫升细胞分裂素兑15升水喷施缓解，或者喷施芸薹素内酯600倍液进行防治。

（四）肥害

【为害症状】辣椒叶片受害后，叶脉间黄化，叶缘出现水浸状斑纹或褪绿斑点。轻者下部叶尖发黄，影响生长发育，重者全株变黄枯死；或叶片僵化、变脆、扭曲、畸形，茎秆变粗，抑制生长。辣椒根系受害后呈褐色，不长新根，植株萎蔫枯死；或植株生长缓慢，叶片黄化。植株受害后表现萎蔫，似霜冻或开水烫过一样，轻者影响生长发育，重者全株死亡（图 2-43）。

叶尖发黄

叶缘水浸状

幼苗肥害

叶片僵化、畸形

图 2-43　辣椒肥害症状

【发生原因】土壤施肥和叶面施肥不当均可引起辣椒肥害。

（1）施用没有完全腐熟的肥料（农家肥）造成辣椒氨气中毒，

引起辣椒叶片的叶脉之间变黄或者是叶片的边缘出现水浸状的斑纹，又或者是褪绿的不均匀斑驳。碳铵肥料在辣椒大棚使用很多，很容易在棚温过高的时候出现氨中毒，从而出现肥害。

（2）施用的肥料过量，造成辣椒的根系被烧毁。辣椒苗根部呈现出褐色而且不会再长出新根，慢慢地植物会萎蔫直至枯死，烧根情况较轻的会出现辣椒生长缓慢，叶片黄化。

（3）辣椒叶面肥使用过量，叶面会出现僵化变脆，或者是扭曲，甚至出现畸形叶子，茎秆变粗，抑制生长。

【防治措施】

（1）增施有机肥料，可以改善土壤结构，改善土壤的缓冲性能，减少化肥用量，减轻盐害。新鲜的有机肥经充分腐熟后方可施用。

（2）提倡平衡施肥。施肥过量是肥害产生的根本原因，必须从控制肥料用量着手，并适当降低氮、磷肥用量，补充钾肥，配施硼、锌、钼等微量元素，不要片面追求高产而盲目施肥。

（3）选择适宜的化肥品种。尽量少用或不用含氯的化肥，提倡应用低氮高浓度复合肥。

（4）合理施肥。提倡化肥深施，可以起到保肥、减少挥发损失、避免直接伤苗的作用，切勿将化肥撒施于土表，以化肥总量的70%～80%作基肥全层深施为宜。追施化肥一次用量不宜过多，掌握少量多次的原则。

（5）及时通风换气。中午前后气温较高时，适度揭开通风口通风换气，特别是大棚蔬菜施肥后，更应注意通风换气，减少棚内因施肥产生的有害气体，减轻伤害。

（6）出现肥害症状后立即浇水，一般浇水2～3次后肥害即可解除，同时喷施植物营养免疫液，增强辣椒的抵抗力。

第三部分 虫　害

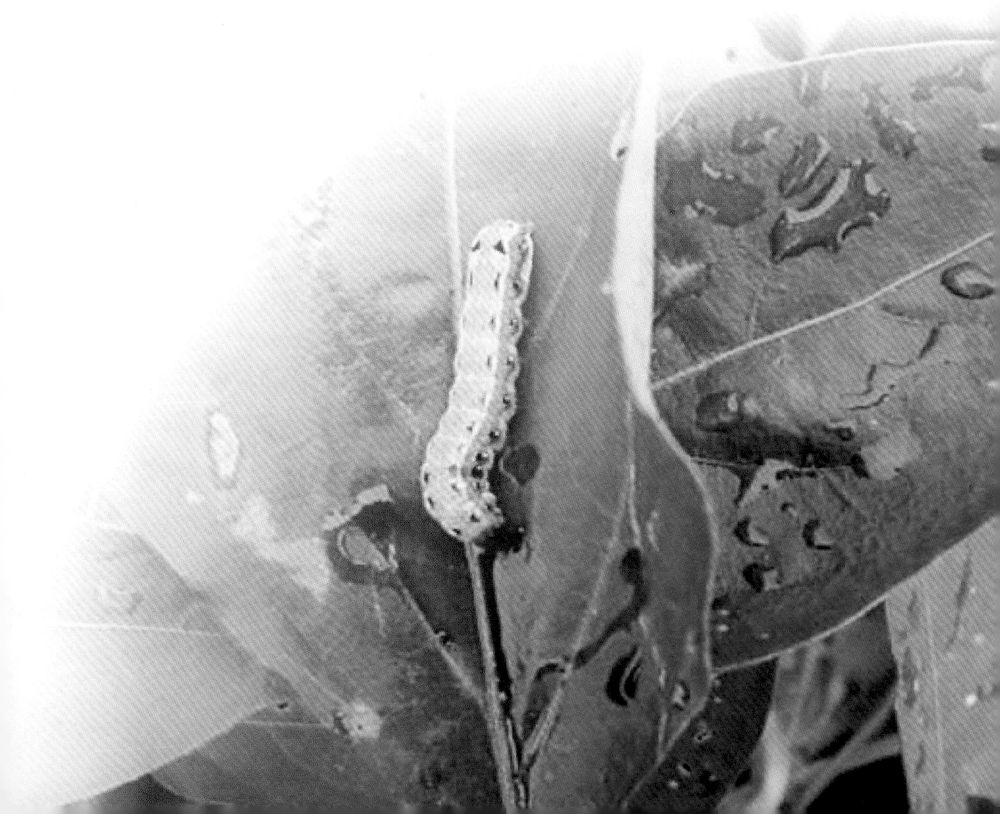

为害辣椒的害虫可分为地上害虫和地下害虫，地上害虫主要有蚜虫、钻心虫（棉铃虫、烟青虫）、茶黄螨、叶螨类等，地下害虫主要有蝼蛄、小地老虎、蛴螬等。各种害虫食性和取食方式不同，口器也不相同，为害辣椒的害虫主要有咀嚼式口器和刺吸式口器两类。咀嚼式口器害虫主要有斜纹夜蛾、地老虎、甜菜夜蛾、烟青虫、棉铃虫等，这类害虫主要通过取食植物叶肉、花、茎秆等组织为害辣椒，造成机械性损伤，如缺刻、孔洞、折断、钻蛀茎秆、切断根部等。刺吸式口器害虫主要有蚜虫、白粉虱、烟粉虱等，种类比较多，分布广，食性杂，繁殖力强，这类害虫除了通过吸取汁液对植物造成损伤外，还造成植物萎缩、皱叶、卷叶、枯死斑、生长点脱落等症状，另外还分泌蜜露引发煤污病，它们可以传播各种植物病毒，严重时造成毁灭性损失。此外，为害辣椒的害虫还有锉吸式口器（蓟马）、舐吸式口器（蝇类）。了解害虫的口器、形态特征、发生规律等，不仅可以识别害虫种类，也为药剂防治提供依据。

一、地上害虫

1. 茶黄螨

【形态特征】茶黄螨属蜱螨目跗线螨科，刺吸式口器害虫，是一种辣椒上常发生的小型害虫。成虫体长 0.19 ~ 0.21 毫米，白色或淡黄色，半透明。雌虫体圆锥形，雄虫长椭圆形。雄虫仅为雌虫的 1/4 大小。卵球形，白色。

【为害特点】茶黄螨可为害叶片、新梢、花蕾和果实，症状与病毒病和生理性病害很相似。螨虫有趋嫩性，成螨和幼螨多集中在辣椒的顶尖、心叶、嫩茎、嫩枝和幼果上刺吸为害。受害叶片皱缩、僵直、变小、变窄、变厚，叶片边缘向下卷曲；叶背面呈灰褐色，具油质光泽或呈油渍状。新生茎枝变黄褐色、扭曲畸形，落花、落果。果实受害后，果柄、萼片及果皮变为黄褐色，丧失光泽，木栓化，最终脱落（图 3–1）。

茶黄螨成虫

茎叶扭曲畸形

叶片背面油渍状

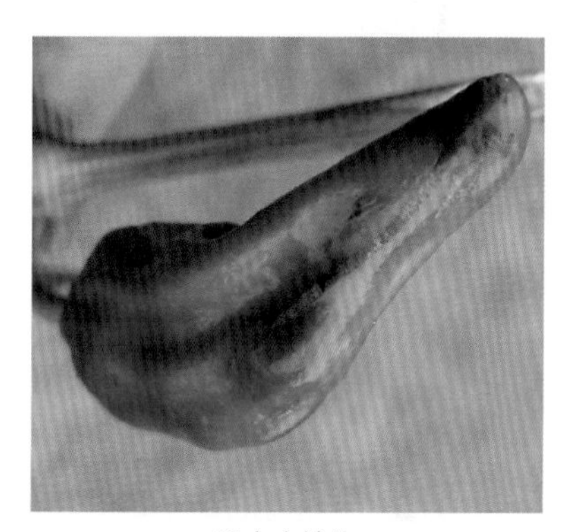
果实木栓化

图 3-1　辣椒茶黄螨为害症状

【发生规律】5 ~ 10 月是茶黄螨的为害高峰期，高温高湿条件下易大发生。每年可发生几十代，主要以成虫、若虫、卵在土壤中或田间地头杂草中越冬。棚室中全年均有发生，露地则以 6 ~ 9 月受害较重。茶黄螨生长迅速，在 18 ~ 20℃条件下，7 ~ 10 天可发生 1 代；在 28 ~ 30℃条件下，4 ~ 5 天发生 1 代。生长的最适温度为 16 ~ 23℃，相对湿度为 80% ~ 90%。湿度对成螨影响不大，在相对湿度 40% 时仍可正常生活，但卵和幼螨只能在相对湿度 80% 以上条件下孵化、生活，因而，温暖高湿的环境有利于茶黄螨的生长与发育。单雌产卵量为百余粒，卵多散产于嫩叶背面和果实凹陷处。成螨活动能力强，靠爬迁或自然力扩散蔓延。大雨对其有冲刷作用。

【防治措施】

（1）结合中耕除草，清除田间杂草，冬季前拔除栽培地周围的杂草并烧掉。

（2）平均每叶有虫、卵达2～3头（粒），田间卷叶率达0.5%～1%时为防治适期，集中在植株幼嫩部位的背面处喷药。可用5%唑螨酯悬浮剂1 000倍液、15%哒螨灵乳油2 000倍液、1.8%阿维菌素乳油2 000倍液、45%石硫合剂600倍液、240克/升虫螨腈悬浮剂1 500倍液、110克/升乙螨唑悬浮剂4 000～5 000倍液、20%炔螨特水乳剂1 000倍液等进行防治，交替使用，每隔7～10天防治1次，连续使用2～3次。

2. 粉虱类

【形态特征】为害辣椒的粉虱主要有烟粉虱和白粉虱。烟粉虱属半翅目粉虱科，刺吸式口器害虫。成虫较小，体长 0.85 ～ 0.91 毫米，停息时双翅呈屋脊状，前翅翅脉分叉，虫体主要为浅黄色。蛹淡绿色或黄色，蛹壳边缘扁薄，无周缘蜡丝。白粉虱属半翅目粉虱科，成虫较大，体长 0.99 ～ 1.06 毫米，停息时双翅较平展，前翅翅脉不分叉，虫体主要为白色。蛹白色至淡绿色，半透明，蛹壳边缘厚，周缘排列分布均匀、有光泽的细小蜡丝。

【为害特点】粉虱类害虫以成虫和幼虫聚集在叶片背面刺吸植物汁液，能够传播多种病毒，是许多病毒病的重要传播媒介，引起多种植物病毒病，被害叶片褪绿，变黄，萎蔫，甚至枯死。此外，它还能分泌大量的蜜露，污染作物叶片和果实，导致霉菌寄生，既影响辣椒的产量又使辣椒失去商品价值（图 3–2）。

【发生规律】烟粉虱可耐 40℃高温，而温室白粉虱一般只耐 33 ～ 35℃的温度，这是烟粉虱在夏季依然猖獗的主要原因。白粉虱对各类蔬菜为害最大（能够寄生 300 多种植物），不论是保护地、温室大棚，还是露地种植地，都能为害发病。白粉虱成虫活动适宜温度 22 ～ 30℃，由于秋季辣椒温室大棚白天的温度一般不低于 25℃，所以受虫害最为严重。

烟粉虱成虫

白粉虱成虫

叶片煤污

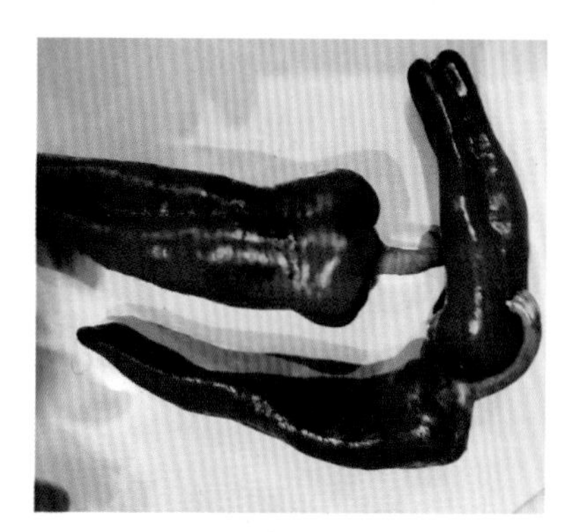
果实煤污

图 3-2　辣椒粉虱类害虫为害症状

烟粉虱和白粉虱繁殖速度快，世代重叠为害，在双膜覆盖的大棚或日光温室内越冬，并能保持较高的种群密度，一年发生10多代。其繁殖代数与温度有密切的关系，温度越高，繁殖速度越快，干旱少雨、日照充足的年份发生早且严重，持续为害时间长。低于12℃烟粉虱停止发育；14.5℃开始产卵；21～33℃，随气温升高，产卵量增加；高于40℃成虫死亡。白粉虱在18～20℃的环境下发生1代需要30天左右，24～25℃的环境下发生1代需要25天左右，而在27℃的环境下发生1代仅需22天左右。一只雌虫一次产卵100粒左右，一生产卵数高达3 500多粒。

烟粉虱和白粉虱具有很强的趋嫩性，成虫和若虫一般喜欢群居在作物叶片的背面，从植株顶部嫩叶到最下部，分层依次为淡黄色卵、黑色卵、初龄若虫、中老龄若虫、虫蛹。烟粉虱在条件适合的年份可从5月持续为害到10月中旬，几乎每月出现一次种群高峰，每代15～40天。白粉虱虽然常年繁殖生长（特别是温室大棚），但它有两个明显的繁殖高峰期。一个在春季温室内4月中旬到5月下旬，另一个是秋季棚室、露地的7月下旬到9月下旬，其中保温棚室能够延续到11月底。

【防治措施】烟粉虱和温室白粉虱在防治措施上基本相同，以烟粉虱为主介绍这两种害虫的防治措施。由于烟粉虱寄主广泛，并且世代重叠严重，卵、若虫、成虫同时存在，单纯使用化学药剂难以取得好的防效。因此，要采取综合措施进行防治。

（1）培育无虫苗：即在幼苗出土前，用40～60目防虫网扣上苗床，防止烟粉虱为害幼苗，传播病毒。

（2）夏季棚室覆盖栽培：定植移栽前，首先彻底清除棚室内的残株和杂草，铲除虫源。然后棚室下部扣上1米高的40～60目防虫网，顶部扣上1米宽的40～60目防虫网，中部扣上大棚薄膜，薄膜上覆盖遮阳网，采用全程覆盖栽培。这样，既保证辣椒生长期间通风散热，防止棚内温度过高，又可防止烟粉虱的侵入为害。

（3）利用天敌防治：有条件的可释放丽蚜小蜂进行防治。

（4）物理防治：利用烟粉虱成虫有强烈的趋黄习性进行诱杀。可制作1米×0.2米的黄板，黄板上涂上黏油，挂在棚内，高出植株顶部，一般每20平方米1块。也可选用市售的粘虫板进行诱杀。

（5）药剂防治：选用3.5%鱼藤酮乳油1 000倍液，5%氟啶脲乳油2 000倍液，1.8%阿维菌素乳油2 000～3 000倍液，20%吡虫啉可溶性液剂2 000～3 000倍液，2.5%氟氯氰菊酯乳油2 000～3 000倍液，20%噻嗪酮乳油1 000倍液，25%噻虫嗪水分散粒剂2～4克/亩，70%吡虫啉水分散粒剂2～4克/亩，3%施克乳油1 500～2 000倍液喷施。防治应在早晨6～7时，烟粉虱活动还不频繁时进行。每隔5～7天防治1次，连续防治2～3次。冬季棚室也可用烟剂熏烟防治。

3. 蚜虫

【形态特征】蚜虫又称腻虫、蜜虫，属半翅目蚜科，刺吸式口器害虫，个体小，体长 2.1 ~ 2.3 毫米，颜色变异较大，有绿色、浅黄色、深绿色、紫褐色、橘红色，有的略被薄蜡粉，头和胸部黑色。有多种类型的个体，生殖方式有有性生殖和无性生殖，因而在种类的区别上较为困难。

【为害特点】蚜虫以刺吸式口器从植物中吸取大量汁液，使植株矮小，叶片卷曲，花蕾不能开放，植株提前老化、早衰。蚜虫能携带病毒，再从刺吸伤口侵入植物，造成二次侵染为害。蚜虫刺吸过多的植株汁液排出体外，感染霉菌，诱发煤污病。蚜虫长时间在植物上以刺吸式口器吸取植物的大量汁液，最多的每小时取食达其体重的 133%，由于大量蚜虫为害，造成辣椒根、茎、叶、花蕾生长停滞或延迟，以致叶黄，花蕾不能开放或脱落，植株衰弱，特别是再遇到不良环境，常造成整株整片枯死（图 3–3）。

【发生规律】蚜虫在全国均有分布。在北方一年发生 10 余代，在南方一年发生数十代，世代重叠严重，在华南则可以终年繁殖、为害。蚜虫胎生繁殖的速度极快，成蚜、若蚜多群集为害，易酿成灾害。蚜虫群体密度过高、植株老化或生长不良时会出现大量的有翅蚜虫进行迁飞扩散，并借风传播，扩大为害范围。有翅成虫对黄色具有很强的趋向性，对银灰色则有负趋向性，在温暖干燥的环境下生活，当气温在 18 ~ 25℃，相对湿度在 75% 以下时可大量繁殖，春末夏初和秋季是为害高峰期。

【防治措施】

（1）清洁田园：清除田间及其附近的杂草，减少虫源。

（2）覆盖栽培：利用蚜虫对银灰色有负趋向性的特点，达到避蚜防病的目的。

（3）黄色诱虫：利用蚜虫对黄色有趋向性的特点，在田间设置黄色诱虫板，诱杀有翅蚜虫。黄色板大小1米 × 0.2米，黄色部分涂上机油，插于辣椒行间，高出植株60厘米，每亩放30块。

（4）药剂防治：在初发阶段用10%吡虫啉可湿性粉剂1 000倍

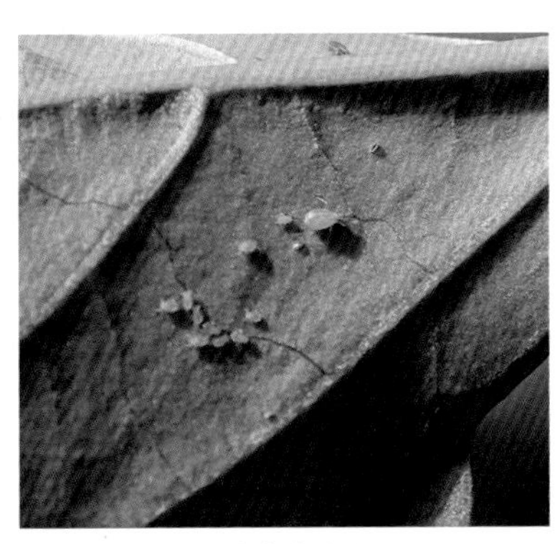

蚜虫为害叶片

蚜虫为害花

整株蚜虫暴发

蚜虫引发煤污病

图 3-3 辣椒蚜虫为害症状

液，或50%抗蚜威可湿性粉剂1 000倍液，或10%虫螨灵3 000倍液，或25%吡蚜酮可湿性粉剂15～20克/亩，或2.5%高效氯氟氰菊酯乳油20～40毫升/亩，或1.3%苦参碱水剂30～40毫升/亩，或10%烯啶虫胺水剂10～20毫升/亩，或5%啶虫脒乳油50～80克/亩，或40%呋虫胺可溶性粉剂15～25克/亩，或25克/升联苯菊酯乳油20～40毫升/亩等均匀喷雾，交替使用，每隔7～10天喷1次，连续喷2次。

4. 红蜘蛛

【形态特征】红蜘蛛属蜱螨目叶螨科，为刺吸式口器害虫。成虫体长 0.25 ～ 0.51 毫米，雌大雄小，相差近一倍。雌虫近圆形，体色差异较大，黄红色、黑褐色、褐绿色、浓绿色皆有，一般为红色或锈红色。卵圆球形，直径 0.13 毫米，初产时透明无色，后变为深褐色，孵化前出现红色眼点。幼虫近圆形，色泽透明，眼红色，足 3 对，取食后体色变绿，体长约 0.15 毫米。若虫体长约 0.2 毫米，足 4 对，体色较深，体侧出现明显的块状色素。

【为害特点】红蜘蛛成虫、幼虫均可为害辣椒。主要为害辣椒的叶片，集中在辣椒叶背面吸取汁液，受害叶先形成白色小斑点，后褪变为黄白色，严重时变为锈褐色，并在叶片背面和茎蔓间布满丝网，果实干瘪、植株枯死。若果实受害，则果皮变粗，并形成针孔状褐色斑点，严重影响产量和品质（图 3–4）。

红蜘蛛成虫

叶片受害

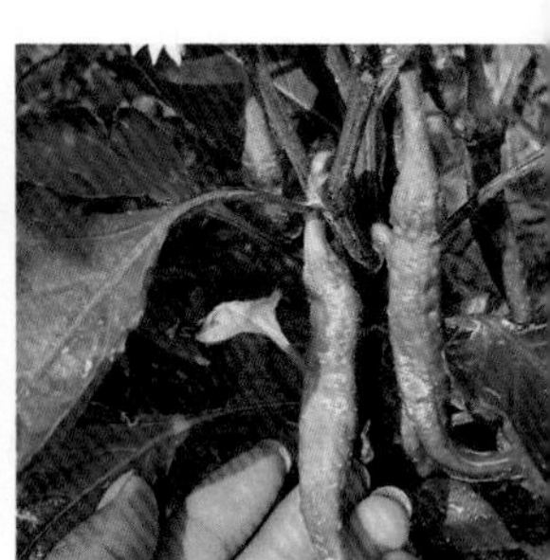

果实受害

图 3-4　辣椒红蜘蛛为害症状

【发生规律】红蜘蛛以成虫、若虫、卵在寄主的叶片下、土缝里或附近杂草上越冬。温湿度与红蜘蛛数量消长关系密切，尤以温度影响最大，当温度在 28℃左右，相对湿度 35% ~ 55% 时，最有利于红蜘蛛发育；温度高于 34℃，红蜘蛛停止繁殖；低于 20℃，繁殖受抑。红蜘蛛有孤雌生殖习性，未受精的卵孵化为雄虫。卵孵化时，卵壳开裂，幼虫爬出，先静止在叶片上，经蜕皮后进入第 1 龄虫期。幼虫及前期若虫活动少，后期若虫活跃而贪食，有趋嫩的习性，虫体一般从植株下部向上爬，边为害边上迁。

【防治措施】

（1）农业防治：在整地选地时，要彻底清除田间遗留的前茬残株及附近杂草，减少虫源。合理浇水，避免土壤过于干旱。

（2）诱杀成虫：在棚内投放捕食螨。

（3）化学防治：可选用50%溴螨酯乳油1 000～2 000倍液，或20%双甲脒乳油1 000～1 500倍液，或20%哒螨灵可湿性粉剂3 000～4 000倍液，或25%三唑锡可湿性粉剂2 000～3 000倍液喷雾。掌握正确的喷药方法，不需要整体喷药。红蜘蛛点片发生初期，用喷雾器喷1个农药包围圈，圈的范围稍微大于害虫发生的范围，然后对圈内辣椒植株进行大剂量喷药。

5. 蓟马

【形态特征】蓟马为缨翅目昆虫的统称，锉吸式口器害虫。成虫虫体很小，长条形，体长 1.2 ～ 1.4 毫米，颜色从黄色、橙色到深棕色或黑色不等。若虫与成虫相似，但无翅。若虫共分 4 龄，1 龄若虫体长 0.3 ～ 0.6 毫米，触角第 4 节膨大，呈鼓槌形。2 龄若虫体长约 1 毫米，橘黄色，第 4 节触角长与粗相等，复眼红色，触角第 3 节有覆瓦状环纹，第 4 节有环状排列的微鬃。3 龄若虫叫前蛹，体长 1.2 ～ 1.4 毫米，翅芽伸达腹部第 3 节。4 龄若虫叫伪蛹，体长 1.2 ～ 1.6 毫米，触角 5 节，不明显，单眼内缘有黄色晕圈。

【为害特点】为害辣椒的蓟马多数为花蓟马，成虫和若虫取食辣椒植株的嫩梢、嫩叶、花和幼果的汁液。被害辣椒植株嫩叶与嫩梢变硬、卷曲、变形，叶片变薄，表皮变灰褐色，叶脉两侧出现白色或灰褐色条斑；花期为害能引起花蕾脱落；幼果受害后硬化；为害严重时，植株生长缓慢或造成落花、落果。此外，还会传播番茄斑萎病毒，造成辣椒严重减产（图 3–5）。

【发生规律】蓟马在北方 1 年发生 6 ～ 10 代，蓟马成虫在日平均气温达 4℃时即可开始活动，10℃以上时成虫取食活跃，旬平均气温上升到 12.5℃以上时产卵繁殖。当旬平均气温上升到 16.6 ～ 19.6℃时繁殖迅速，虫口数量增长很快。温度超过 38℃时，若虫不能存活，接近 38℃时发育速度虽快，但死亡率较高。当相对湿度达到 100% 时，在 31℃下，若虫均不能存活，相对湿度降至 75% 就能完成发育。蓟马发生最适宜条件为温度 20 ～ 28℃，相对湿度 40% ～ 70%，春季久旱不雨即是大发生的预兆。

花蓟马成虫

西花蓟马成虫

蓟马为害叶片

叶片和嫩茎卷曲变形

蓟马为害花

花器、花瓣受害变褐色

果实受害木栓化

图 3-5　辣椒蓟马为害症状

【防治措施】

（1）农业防治：定植前清除田间杂草和枯枝残叶，集中烧毁或深埋，消灭越冬成虫和若虫。及时整枝打杈，加强肥水管理，促进植株健壮生长。

（2）物理防治：利用蓟马趋蓝色、黄色的习性，在田间设置黄色、蓝色粘虫板诱杀成虫，粘板高度与作物持平。

（3）化学防治：蓟马发生后可使用25%噻虫嗪水分散粒剂3 000倍液，或10%啶虫脒乳油2 000倍液，或360克/升虫螨腈悬浮剂3 000～4 000倍液喷雾防治，注意喷洒均匀和轮换用药。喷雾防治时，根据蓟马昼伏夜出的特性，建议在下午用药。蓟马隐蔽性强，药剂需要选择内吸性的或者添加有机硅助剂，且尽量选择持效期长的药剂。

6. 斜纹夜蛾

【形态特征】斜纹夜蛾属鳞翅目夜蛾科，为咀嚼式口器害虫。成熟幼虫体长 35 ～ 47 毫米，头部黑褐色，体背均有 1 对似半月形或三角形的黑斑，以第 1、第 7、第 8 节的黑斑最大。胸足黑色，腹足外侧暗色。气门椭圆形，黑色。气门下线由污黄色或灰白色斑点组成。成虫体长 14 ～ 16 毫米，翅展 35 ～ 40 毫米，暗褐色，胸部背面有白色丛毛。前翅灰褐色，表面多斑纹，从前缘中部到后缘有 1 条灰白色阔带状斜纹。后翅白色，仅翅脉及外缘暗褐色。

【为害特点】斜纹夜蛾主要以幼虫为害，幼虫食性杂，且食量大。初孵幼虫在叶背为害，取食叶肉，仅留下表皮；3 龄后幼虫造成叶片缺刻、残缺不全，甚至吃光全部叶片，蚕食花蕾造成缺损，容易暴发成灾（图 3-6）。

【发生规律】斜纹夜蛾 1 年发生 5 代，各代发生期几乎与棉铃虫和甜菜夜蛾同步，但对环境的要求却不同。斜纹夜蛾要求适温 25 ～ 28℃、相对湿度 90% 左右，温度超过 38℃时卵不孵化，幼虫及蛹出现反常兴奋，代谢失调，发育出现短暂中断；土壤含水量低于 20%，幼虫不能正常化蛹，成虫将无法展翅。

斜纹夜蛾幼虫为害

斜纹夜蛾初孵幼虫在叶背为害

斜纹夜蛾卵

叶片产生大缺刻

图 3-6　辣椒斜纹夜蛾为害症状

【防治措施】

（1）诱杀成虫：采用黑光灯捕杀，或用糖醋液诱杀。糖醋液配制方法为糖 6 份、醋 3 份、白酒 1 份、水 10 份、90% 敌百虫 1 份调匀。近年来，利用性诱捕器诱杀斜纹夜蛾雄蛾技术已得到普遍推广。

（2）采摘卵块和人工捕捉幼虫：可利用成虫集中产卵的特点，摘除卵块；也可利用1～2龄幼虫群集为害的特点，摘除病叶；此外，还可采用人工捕捉大龄幼虫的方法。上述摘除的卵块或幼虫应集中销毁。

（3）药剂防治：可用80%敌百虫可溶性粉剂90～100克/亩，或

18%藤酮·辛硫磷乳油60～120毫升/亩，或5%甲氨基阿维菌素苯甲酸盐水分散粒剂3～4克/亩，或200克/升氯虫苯甲酰胺悬浮剂7～13毫升/亩，或240克/升虫螨腈悬浮剂30～50毫升/亩喷雾。药剂防治的最佳时间在1～2龄幼虫期，3龄以上的幼虫分散蛀入果内，防治效果大大下降。

7. 烟青虫

【形态特征】烟青虫俗称青虫，又名烟草夜蛾（烟夜蛾），属鳞翅目夜蛾科，为咀嚼式口器害虫。成虫为中型的黄褐色蛾子，体长14～18毫米，翅展27～35毫米，前翅长度短于体长，翅上肾状纹、环状纹和各条横线较清晰。幼虫体色变化大，有绿色、灰褐色、绿褐色等多种。老熟幼虫绿褐色，长约40毫米，体表较光滑，体背有白色点线，各节有瘤状突起，上生黑色短毛。烟青虫与棉铃虫极近似，区别之处在于烟青虫成虫体色较黄，前翅上各线纹清晰，后翅棕黑色宽带中段内侧有一棕黑线，外侧稍内凹。卵稍扁，纵棱一长一短，呈双序式，卵孔明显。幼虫2根前胸侧毛（LI、L2）的连线远离前胸气门下端。体表小刺较短。蛹体前段显得粗短，气门小而低，很少突起。

【为害特点】烟青虫为钻蛀性害虫，主要以幼虫为害辣椒花蕾、嫩叶、嫩茎和果实。为害果实时，整个幼虫钻蛀果实内，啃食并排泄大量粪便，果实表面仅留1个蛀孔，果肉和胎座被取食，残留果皮，果内积满虫粪和蜕皮，使果实不能食用。果实受害症状十分明显，会出现腐烂、大量落果的现象。为害辣椒花蕾时，可以引起落蕾、落花（图3–7）。

【发生规律】烟青虫一般1年发生2～5代，以蛹在土壤中越冬。成虫昼伏夜出，对黑光灯有较强的趋向性。1～2龄幼虫蛀食叶片和花蕾，3龄幼虫食量增大，白天躲藏，仅夜间取食，喜欢蛀食辣椒果实，取食胎座及果肉。一般1个果实内只有1头幼虫，1头幼虫可为害3～5个果，造成大量落果或烂果。卵产于已现蕾、开花的植株上，多产于侧枝顶部叶面、嫩茎和角果上。烟青虫的发生程度受雨水、气温、作物长势和天敌的影响。持续干旱、阴雨，会减少虫害的发生，暴雨会冲掉烟青虫的卵及初孵幼虫，对其发生也有抑制作用。3

烟青虫幼虫

果肉和胎座被取食

果内积满虫粪

果实腐烂、落果

图 3-7　辣椒烟青虫为害症状

代烟青虫在平均温度为 29℃时，全生育期在 27 天左右；平均温度为 28℃时，全生育期为 29 天。温度越高发育进度越快。在成虫发生期及卵孵化盛期，适量的降雨对其发生有利。老熟幼虫化蛹期间，如遇持续干旱且土表干燥，土壤湿度低时，其蛹化率明显降低；如遇持续阴雨，田间积水时间长，土壤湿度过大，土壤板结，也不利于幼虫入土化蛹。化蛹初期如果连续阴雨 10 天以上，降水量超过 200 毫米，会造成蛹大量死亡，同时对蛹羽化也有抑制作用。烟青虫的天敌主要有赤眼蜂、唇齿姬蜂、蜘蛛、草蛉等，对害虫发生数量具有一定控制作用。

【防治措施】

（1）农业防治：①在查清成虫主要越冬基地的情况下，冬耕及春耕均可消灭大量越冬蛹，压低越冬虫源基数。田间化蛹期，结合田间管理可进行锄地灭蛹或培土闷蛹。②可在辣椒棚与棚之间种植一行烟草或玉米，诱使烟青虫在烟草或玉米上集中产卵，便于消灭。③及时整枝打杈，把嫩叶、嫩枝上的卵及幼虫一起带出菜园烧毁或深埋；及时摘除虫果，消灭卵粒和幼虫。④采用平衡施肥技术，增施磷、钾肥，配施微量元素肥料，喷施叶面肥，避免过量施用氮肥造成徒长，增强辣椒抗病能力，也可有效减轻虫害的发生。

（2）物理防治：利用成虫趋黑光灯的特性，于成虫盛发期每50亩地设1盏黑光灯，诱杀成虫。

（3）生物防治：防治3龄前幼虫可用Bt乳剂（含活孢子100亿个/克）250～300倍液，施用棉铃虫核多角体病毒制剂也有较好的防治效果。有条件的地区还可释放赤眼蜂等天敌，或释放、助迁草蛉和瓢虫等，也可有效抑制烟青虫的数量。

（4）化学防治：使用药剂毒杀幼虫，在准确测报的基础上，重点抓好花蕾至幼果期的防治。根据防治指标（有虫株率2%），在1～2龄幼虫期及时用药，将幼虫杀死在蛀果前。可每亩用1%甲氨基阿维菌素苯甲酸盐乳油1 000倍液，或2.5%溴氰菊酯乳油2 000倍液，或2.5%高效氯氟氰菊酯乳油2 000倍液，或4.5%高效氯氰菊酯乳油1 500倍液，或4%茚虫威微乳剂12～18克/亩等喷雾防治。施药以上午为宜，重点喷洒植株上部，轮换用药，减缓害虫产生抗药性。

8. 棉铃虫

【形态特征】棉铃虫属鳞翅目夜蛾科，为咀嚼式口器害虫。成虫体长 14 ～ 18 毫米，翅展 30 ～ 38 毫米，灰褐色。前翅中有 1 条褐边环形纹，中央有 1 个褐点，其外侧有 1 条褐边肾形纹，中央有 1 个深褐色肾形斑；肾形纹外侧为褐色宽横带，端区各脉间有黑点。后翅黄白色或淡褐色，端区褐色或黑色。卵直径约 0.5 毫米，半球形，乳白色，具纵横纹。老熟幼虫体长 30 ～ 42 毫米，体色变化很大，由淡绿色、淡红色、红褐色至黑紫色。头部黄褐色，背线、亚背线和气门上线为深色纵线，气门白色。两根前胸侧毛连线与前胸气门下端相切或相交。体表布满小刺，小刺长而尖，底座较大。蛹长 17 ~ 21 毫米，黄褐色。腹部第 5 ~ 7 节的背面和腹面有 7 ~ 8 排半圆形刻点。臀棘 2 根。

【为害特点】棉铃虫是辣椒生长期间常遇到的害虫之一，不仅会影响辣椒的生长，还会影响到其他茄果类蔬菜，主要以幼虫蛀食辣椒的花蕾、花朵、果实。棉铃虫的幼虫啃食辣椒的果实，虽然并不会造成果实立刻脱落，但是会因其啃食果实的蒂部，导致雨水或病菌进入果实内部，造成烂果或落果，严重影响辣椒的品质和产量（图 3–8）；也会残害辣椒的花蕾、叶子、嫩茎和嫩芽，被啃食后的花蕾会呈现黄绿色，并在被啃食 2 ~ 3 天后自然脱落。

棉铃虫幼虫

果实被棉铃虫幼虫啃食

图 3–8　辣椒棉铃虫为害症状

【发生规律】棉铃虫在内蒙古、新疆每年发生 3 代，华北 4 代，长江以南 5 ~ 6 代，云南 7 代。以蛹在土中越冬。成虫夜间交配产卵，初孵幼虫仅能啃食嫩叶尖及花蕾，一般在 3 龄开始蛀果，4 ~ 5 龄转果蛀食频繁，6 龄时相对减弱。棉铃虫属喜温喜湿性害虫，成虫产卵适温在 23℃以上，20℃以下很少产卵；幼虫发育以 25 ~ 28℃和相对湿度 75% ~ 90% 最为适宜。北方以湿度的影响较为显著，当月降水量在 100 毫米以上，相对湿度在 70% 以上时，为害严重。但雨水过多，土壤板结，不利于幼虫入土化蛹，蛹的死亡率升高。暴雨可冲掉棉铃虫卵，对其发生亦有抑制作用。

【防治措施】

（1）灯光诱杀成虫：成虫对黑光灯、高压汞灯有较强的趋向性，特别是高压汞灯，有效诱杀半径为80 ~ 160米。

（2）生物防治：喷洒生物农药，如Bt乳剂、核型多角体病毒（NPV）、雷公藤精乳油等。

（3）化学防治：在卵或初孵幼虫盛期，田间喷施25克/升高效氯氟氰菊酯乳油40 ~ 60毫升/亩，或200克/升氯虫苯甲酰胺悬浮剂6.7 ~ 13.3毫升/亩，或0.5%甲氨基阿维菌素苯甲酸盐微乳剂120 ~ 160毫升/亩，或25克/升联苯菊酯乳油100 ~ 140毫升/亩，或15%茚虫威悬浮剂25 ~ 40毫升/亩，或10%溴氰虫酰胺可分散油悬浮剂14 ~ 18毫升/亩。在进行喷雾防治时，还要针对不同世代的为害特点，采用相应的喷雾方法。为避免或延缓抗药性的产生，要注意多种药剂交替轮换使用。

二、地下害虫

1. 小地老虎

【形态特征】小地老虎属鳞翅目夜蛾科。成虫为暗褐色的蛾子，体长 16 ~ 23 毫米，翅展 40 ~ 54 毫米，前翅黑褐色，内、外横线将翅分为 3 段，具有显著的环形纹和肾形纹，肾形纹外有 1 条黑色楔形纹，其尖端与亚外线上的 2 个楔形纹尖端相对。在内横线外侧、环形纹的下方有 5 条剑状纹。后翅灰白色。卵半球形，乳白色至灰黑色。幼虫体长 37 ~ 47 毫米，圆筒形；头黄褐色，体灰褐色，体表布满大小不等的颗粒，臀板黄褐色，有 2 条深褐色纵带。有 3 对胸足，5 对腹足。蛹赤褐色，大小为 15 ~ 25 毫米。

【为害特点】小地老虎 3 龄前的幼虫仅取食嫩叶片，形成半透明的白斑或小孔；3 龄以上幼虫为害严重，白天潜伏在 2 ~ 3 厘米的表土中，夜间出来活动，尤其在晚上 7 ~ 10 时及天刚亮露水多时为害严重，常将幼苗近地面的茎基部咬断，并将其拖入穴中取食。对较大的辣椒苗可啃食根茎嫩皮，使植株萎蔫死亡（图 3-9）。

小地老虎幼虫

幼苗茎基部被咬断

图 3-9　辣椒小地老虎为害症状

【发生规律】小地老虎在我国各地发生代数不同，从北向南 1 年发生 2 ~ 7 代，黑龙江 1 年发生 2 代，内蒙古、辽宁 2 ~ 3 代，华北 3 ~ 4 代，华东 4 代，西南 4 ~ 5 代，广西可达 6 代，山西 3 代。该虫在南方地区以老熟幼虫及蛹越冬。土壤湿度大，黏度大，发生为害严重；一般适宜温度为 18 ~ 26℃，适宜的相对湿度为 70%。高温对小地老虎的生长不利，会导致成虫羽化不健全，产卵量下降和初孵幼虫死亡率增加。相对湿度小于 45%，幼虫孵化率和存活率都很低。

【防治措施】

（1）加强管理：杂草是小地老虎产卵的主要场所，也是初龄幼虫的食源。应加强管理，精耕细耙，铲除杂草，以消灭部分卵和初龄幼虫。

（2）利用天敌：利用寄生蝇、寄生蜂及细菌、真菌等进行生物防治。

（3）成虫诱杀：用糖、醋、酒诱杀液或甘薯、胡萝卜等发酵液诱杀成虫，或在成虫盛发期，设置黑光灯诱杀成虫。

（4）幼虫诱捕：用泡桐叶或莴苣叶诱捕幼虫，每日清晨到田间捕捉消灭。对高龄幼虫也可在清晨到田间检查，如果发现有断苗，拨开附近的土块，进行捕杀。

（5）药剂防治：1～3龄幼虫抗药性较差，且暴露在寄主植物或地面上，是药剂防治的最佳时期。4～6龄幼虫，因其隐蔽性强，药剂喷雾难以防治，可使用撒毒土和灌根等方法进行防治。药剂可选用3%阿维·吡虫啉颗粒剂1.5～2.0千克/亩撒施，或25克/升高效氯氟氰菊酯乳油20～40毫升/亩喷雾，或30%噻虫·高氯氟悬浮剂8～10毫升/亩喷雾，或5%氯虫苯甲酰胺悬浮剂30～40毫升/亩喷雾，或4%二嗪磷颗粒剂撒施。

2. 蝼蛄

【形态特征】蝼蛄俗称“土狗仔”，属直翅目蝼蛄科，为咀嚼式口器害虫。华北蝼蛄个体较大，体色较浅，胖头大腚。成虫体长35～55毫米，黄褐色或浅黑褐色，有1个强壮发达的前胸背板和1对有力的开掘式前足。其形态构成与非洲蝼蛄的主要区别是在后足胫节背侧内缘有一个棘刺（有的已消失）（图3-10）。卵椭圆形，初产淡黄色，孵化前变为暗褐色。若虫体较大，色较浅，5龄若虫体色、体形与成虫相似，主要区别在于若虫未形成红翅，触角少节。

图3-10　蝼蛄成虫

【为害特点】蝼蛄是一种杂食性害虫，成虫和幼虫在土中活动，在土中咬食萌发的种子，或咬断幼苗根茎，造成幼苗死亡。蝼蛄咬断处往往呈丝麻状，这是与蛴螬为害的最大差别。蝼蛄多在表土层穿行活动，使表土隆起，常可在地面见到穿成的隧道，使幼苗根系与土壤分离造成幼苗干枯死亡，致使苗床缺苗断垄。冬季温室床土育苗，由于气温高，蝼蛄活动早，为害较重。

【发生规律】4月下旬至5月上旬，越冬蝼蛄开始活动。到达地表后先隆起虚土堆，华北蝼蛄隆起约15厘米的虚土堆，东方蝼蛄隆起约10厘米的虚土堆，此时是进行蝼蛄虫情调查和人工扑杀的最佳时机。5月上旬开始，地表出现大量弯曲虚土隧道，并在其上留有一个小孔，蝼蛄出窝为害。5月中下旬越冬的成虫、若虫开始大量取食，造成缺苗断垄的现象。8月下旬至9月下旬，越夏成虫、若虫又到土面活动取食补充营养，为越冬做准备，这是一年中第二次为害时期。蝼蛄有明显的趋光性、趋化性、趋粪性和喜湿性。在黑光灯处，气温在20℃左右，大量的蝼蛄会在灯的周围活动，尤其是雨前闷热的夜晚，活动最盛。蝼蛄特别喜欢靠近有香味、甜味的地方，并喜欢靠近未发酵好的粪堆、粪坑。当耕作层土温在15 ~ 20℃时，蝼蛄活动最活跃。蝼蛄的活动受土壤温度、湿度的影响很大，气温在12.5 ~ 19.8℃，20厘米土温在12.5 ~ 19.9℃是蝼蛄活动适宜温度，也是蝼蛄为害期，若温度过高或过低，蝼蛄便潜入土壤深处。土壤相对湿度在20%以上时活动最盛，土壤相对湿度小于15%时活动减弱。土壤中大量施入未充分腐熟的厩肥、堆肥，易导致蝼蛄发生，受害严重。

【防治措施】

（1）做好害虫预测预报：根据以上数据，在3 ~ 4月，20厘米土温平均8℃时开始进行监测，每平方米有虫0.3头时为轻发生，0.3 ~ 0.5头时为中发生，0.5 ~ 0.8头时为重发生，0.8头以上为特重发生。根据以上测报情况，确定防治范围和防治适期。

（2）农业防治：秋后收获末期前后，进行大水灌地，使向土层下部迁移的成虫或若虫被迫向上迁移，并适时进行深耕翻地。注意不要施用未经腐熟的有机肥，在虫体活动期，结合追肥施入一定量的碳酸氢铵或石灰，放出的氨气可驱使蝼蛄向地表迁移。清除杂草，改良盐碱地。

（3）灯光诱杀：在田边、地头设置灯光诱虫，结合在灯下放置有香甜味的、加农药的水缸或水盆进行诱杀。

（4）毒饵诱杀：将麦麸、棉籽饼、豆饼2.5千克炒香，加入90%敌百虫的30倍水溶液150毫升左右，再加入适量的水拌匀成毒饵，每亩用1.5～2.5千克，于傍晚撒入地里蝼蛄的隧道处或辣椒苗床上，施毒饵前先灌水，保持地面湿润，效果尤好。

（5）药剂处理：做苗床前，每亩用5%辛硫磷颗粒剂2.5千克拌细土撒于土表，再翻入土内；或在苗床上喷50%辛硫磷乳油1 000倍液，每亩用量0.75千克，在早晚使用，否则影响药效。生长期受害可用50%辛硫磷乳油1 000倍液或20%甲基异柳磷乳油2 000倍液进行灌根，或在土壤中接种白僵菌进行生物防治。种子处理可用50%辛硫磷乳油0.3千克拌种100千克。

3. 蛴螬

【形态特征】蛴螬属鞘翅目金龟总科，是金龟子或金龟甲的幼虫，体肥大，较一般虫类大，体型弯曲呈 C 形，多为白色，少数为黄白色。头部褐色，上颚显著，腹部肿胀。体壁较柔软多皱，体表疏生细毛。头大而圆，多为黄褐色，生有左右对称的刚毛，刚毛数量的多少常为分种的特征。蛴螬具胸足 3 对，一般后足较长。腹部 10 节，第 10 节称为臀节，臀节上生有刺毛，其数目的多少和排列方式也是分种的重要特征（图 3-11）。

【为害特点】蛴螬是辣椒苗期的主要害虫之一，是多食性害虫，幼虫直接啃咬萌发的种子、幼苗的根茎，使植株生长衰弱枯死，严重时可以大面积咬断辣椒苗，造成缺苗、断垄。成虫主要取食叶片。

蛴螬幼虫

蛴螬成虫

图 3-11　蛴螬

【发生规律】1 ~ 2 年发生 1 代，幼虫和成虫在土中越冬，成虫即金龟子或金龟甲，白天藏在土中，晚上 8 ~ 9 时进行取食等活动。蛴螬有假死和负趋光性，并对未腐熟的粪肥有趋向性。蛴螬在地下活动，其活动主要与土壤的理化特性有关。在一年中活动最适的土温为 13 ~ 18℃，高于 23℃，蛴螬即逐渐向深土层转移，至秋季土温下降到适宜范围时，再移向土壤上层。夏季多雨、土壤湿度较大，或农家肥使用较多的地块为害较重。

【防治措施】

（1）农业防治：冬季深耕深耙，消灭越冬虫，减少来年虫源。

（2）物理防治：设置黑光灯诱杀成虫，减少蛴螬的发生数量。

（3）毒饵诱杀：每亩用25%对硫磷或辛硫磷胶囊剂150 ~ 200克拌谷子等饵料5千克，或50%对硫磷、50%辛硫磷乳油50 ~ 100克拌饵料3 ~ 4千克，撒于种沟中。

（4）处理土壤：每亩用50%辛硫磷乳油200 ~ 250克，加水10倍喷于25 ~ 30千克细土上拌匀制成毒土，顺垄条施，随即浅锄，或将毒土撒在种沟或地面上，随即耕翻；也可以每亩用2%甲基异柳磷粉2 ~ 3千克拌细土25 ~ 30千克制成毒土处理土壤。

（5）药剂拌种：用25%辛硫磷胶囊剂或25%对硫磷胶囊剂等有机磷药剂，或用种子重量2%的35%克百威种衣剂包衣。

第四部分　草　害

农业生产中所讲的杂草是指生长在农田等人工种植土地上，除了目的栽培作物以外的所有植物。杂草的鉴定与识别是杂草防治的基础，因此，需要了解和掌握杂草的形态特征。辣椒田间杂草按形态特征粗略分为禾草类、莎草类、阔叶草类，其中禾草类和莎草类并称单子叶杂草，阔叶类称双子叶杂草。

一、田间主要杂草

（一）单子叶杂草

单子叶杂草的胚有1个子叶，通常叶片窄而长，叶片平滑，平行叶脉，无叶柄。辣椒田单子叶杂草主要有禾本科、莎草科等。禾本科杂草叶鞘开张，有叶舌，茎圆或扁平，节间中空，有节，主要有牛筋草、马唐、狗尾草、早熟禾、稗等。莎草科杂草叶鞘包卷，无叶舌，茎三棱，通常实心，无节，主要有香附子、异型莎草、碎米莎草等。

1. 牛筋草

【形态特征】茎秆丛生，基部斜生。叶片平展，条形，无毛或疏生疣基柔毛，叶片较马唐叶片宽厚；叶鞘两侧压扁而具脊，鞘口具毛，叶舌短。穗状花序 2 ~ 7 个指状着生于秆顶，小穗含 3 ~ 6 朵小花；颖片披针形，具脊，脊粗糙。囊果卵形，基部下凹，具明显的波状皱纹；花果期 6 ~ 10 月（图 4–1）。

牛筋草植株

牛筋草花序

图 4–1　牛筋草

2. 马唐

【形态特征】茎秆纤细，呈节状直立或下部斜生，近地面的茎常倾斜，触地后茎节处生根，无毛或节生茸毛。叶片细长柔软，线状披针形，先端渐尖或短尖，基部圆形，两面疏生软毛或秃净；叶鞘疏松裹茎，疏生有疣基的软毛或无毛。总状花序，上部者互生或呈指状排列于茎顶，基部者近于轮生，穗轴直伸或开展，两侧具宽翼，边缘粗糙；小穗椭圆状披针形，脉间及边缘大多具柔毛；花果期 6 ~ 10 月（图 4–2）。

马唐植株

马唐花序

图 4–2　马唐

3. 狗尾草

【形态特征】茎秆直立或基部膝曲，基部斜上，叶片扁平，长三角状狭披针形或线状披针形，先端渐尖，基部钝圆形，呈截状或渐窄，通常无毛或疏被疣毛，边缘粗糙；叶鞘松弛，圆筒状，无毛或疏具柔毛或疣毛，边缘具较长的密绵毛状纤毛；叶舌极短。圆锥花序紧密呈圆柱状或基部稍疏离，直立或稍弯垂，主轴被较长柔毛，粗糙或微粗糙，直或稍扭曲，通常绿色或褐黄色到紫红色或紫色。颖果灰白色，花果期 5 ~ 10 月（图 4–3）。

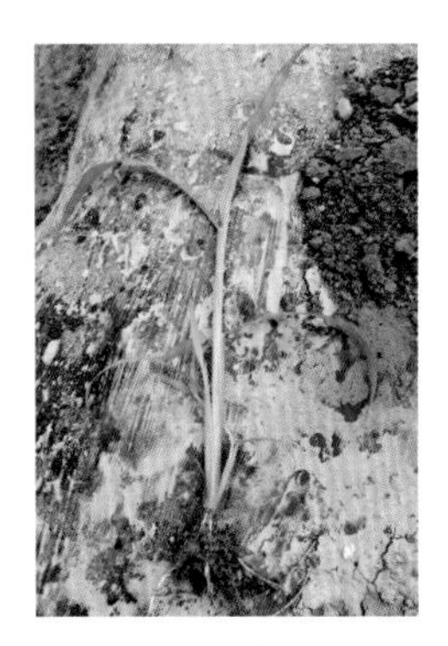

狗尾草植株　　狗尾草花序

图 4-3　狗尾草

4. 早熟禾

【形态特征】茎秆直立或倾斜，质软，平滑无毛。叶鞘稍压扁，中部以下闭合；叶舌圆头；叶片扁平或对折，质地柔软，常有横脉纹，顶端急尖呈船形，边缘微粗糙。圆锥花序宽卵形，开展；分枝着生各节，平滑；小穗卵形，绿色；颖片质薄，具宽膜质边缘，顶端钝；外稃卵圆形，顶端与边缘宽膜质，脊与边脉下部具柔毛，间脉近基部有柔毛，基盘无绵毛；内稃与外稃近等长，两脊密生丝状毛；花药黄色，花期 4 ~ 5 月。颖果纺锤形，果期 6 ~ 7 月（图 4-4）。

早熟禾植株　　早熟禾花序

图 4-4　早熟禾

5. 稗

【形态特征】茎秆直立，基部倾斜或膝曲，光滑无毛。在较干旱的土地上，茎亦可分散贴地生长。叶鞘松弛，下部者长于节间，上部者短于节间；无叶舌；叶片无毛。圆锥花序主轴具角棱，粗糙；小穗密集于穗轴的一侧，具极短柄或近无柄；颖片三角形，基部包卷小穗，被短硬毛或硬刺疣毛；外稃草质，上部有脉，先端延伸成粗壮芒，内稃与外稃等长；花果期 7 ~ 10 月（图 4–5）。

稗植株

稗花序

图 4–5　稗

6. 香附子

【形态特征】根状茎匍匐，细长，顶端着生椭圆形棕褐色块茎，茎秆直立，散生，锐三棱形。叶基生，短于秆，鞘棕色，老时常裂成纤维状。长侧枝聚伞花序简单或复出，有开展的辐射枝，辐射枝末端穗状花序有小穗，小穗线形，长，小穗轴有白色透明宽翅；鳞片卵形，膜质，两侧紫红色，中间绿色；花药长，线形，暗血红色，药隔突出于花药顶端；花柱细长，伸出鳞片外。小坚果长圆形，三棱状，果脐圆形至长圆形，黄色；花果期 5 ~ 10 月（图 4–6）。

香附子植株　　香附子花序

图 4-6　香附子

（二）双子叶杂草

双子叶杂草的胚有2片子叶，叶脉网状或不规则形，叶片宽，有叶柄。根据它的生命长短可分为一年生杂草和多年生杂草。包括苋科、藜科、蓼科、菊科、十字花科、旋花科、唇形科等。辣椒田双子叶杂草主要有藜、反枝苋、马齿苋、小蓬草、通泉草、鳢肠等。

1. 藜

【形态特征】茎直立、粗壮、圆柱形，具条棱和绿色或紫红色的条纹，分枝较多，枝条上升或开展。单叶互生，叶片菱状卵形至宽披针形，先端急尖或微钝，基部楔形至宽楔形，有长叶柄，边缘有不整齐的锯齿，叶正面通常无粉，背面有泛白的小颗粒。花两性，多数花簇排成腋生或顶生的圆锥状花序；花期 7 ～ 9 月。果皮与种子贴生；种子横生，黑色光亮，表面有不明显的沟纹及点洼，胚环形；果期 9 ～ 10 月（图 4–7）。

2. 马齿苋

【形态特征】茎平卧或斜倚，伏地铺散，多分枝，圆柱形，淡绿色或带暗红色。叶互生或近对生，叶片扁平，肥厚，倒卵形，似马齿状，长 1 ～ 3 厘米，宽 0.6 ～ 1.5 厘米，顶端圆钝或平截，有时微凹，基部楔形，全缘，正面暗绿色，背面淡绿色或带暗红色，中脉微隆

藜植株

藜花序

图 4-7　藜

起，叶柄粗短。花无梗，直径 4 ～ 5 毫米，顶端 3 ～ 5 朵簇生，近轮生，花药黄色；花期 5 ～ 8 月。蒴果卵球形，长约 5 毫米，盖裂；种子细小，多数偏斜球形，黑褐色，有光泽，具小疣状凸起；果期 6 ～ 9 月（图 4-8）。

马齿苋植株

马齿苋花序

图 4-8　马齿苋

3. 反枝苋

【形态特征】茎直立，粗壮，单一或分枝，淡绿色，或带紫色条纹，稍具钝棱，密生短柔毛。叶互生，叶片菱状卵形或椭圆状卵形，顶端锐尖或尖凹，有小凸尖，基部楔形，全缘或波状缘，两面及边缘有柔毛，背面毛较密；叶柄淡绿色，有时淡紫色，有柔毛。圆锥花序，顶生及腋生，直立，由多数穗状花序形成，顶生花穗较侧生花穗长；苞片及小苞片钻形，白色，背面骨状突起，伸出顶端成白色尖芒；花被片矩圆形或矩圆状倒卵形，薄膜质，白色，有淡绿色细中脉，顶端急尖或尖凹；雄蕊比花被片稍长；花期 7 ~ 8 月。胞果扁卵形，环状横裂，薄膜质，淡绿色，包裹在宿存花被内。种子近球形，棕色或黑色，边缘钝；果期 8 ~ 9 月（图 4-9）。

反枝苋植株

反枝苋花序

图 4-9　反枝苋

4. 鳢肠

【形态特征】茎直立、斜升或平卧，通常从基部和上部分枝，绿色至红褐色，被贴生糙毛。叶对生，无柄或基部叶具柄，叶片长披针形、椭圆状披针形或条状披针形，全缘或具细锯齿，边缘有细锯齿或有时仅波状，两面被密硬糙毛。头状花序顶生或腋生，有细花序梗；总苞球状钟形，总苞片绿色，草质，长圆形或长圆状披针形，外层较内层稍短，背面及边缘被白色短伏毛；外围雌花两层，舌状，舌片短，顶端浅裂或全缘；中央两性花多数，花冠管状，白色，花托凸，有披针形或线形的托片，托片中部以上有微毛；花期 6 ~ 9 月。瘦果暗褐色，雌花的瘦果三棱形，两性花的瘦果扁四棱形，顶端截形，基部稍缩小，边缘具白色的肋，表面有小瘤状突起，无毛（图 4-10）。

鳢肠植株

鳢肠花序

图 4-10　鳢肠

5. 泽漆

【形态特征】全株含乳汁；茎基部分枝，基部斜升，无毛或仅分枝略具疏毛，基部紫红色，上部淡绿色。叶互生，无柄或具短柄，叶片倒卵形或匙形，先端钝圆，有缺刻或细锯齿，基部楔形，两面深绿色或灰绿色，被疏长毛，下部叶小，开花后渐脱落。总花序多歧聚伞状，顶生，有 5 个伞梗，每个伞梗生 3 个小伞梗，每个小伞梗又第 3 回分裂为 2 叉，伞梗基部具轮生叶状苞片，与下部叶同形而较大；总苞杯状，顶端 4 裂，裂片钝；腺体盾形，黄绿色；花期 4 ~ 5 月。蒴果无毛；种子卵形，表面有凸起的网纹；果期 6 ~ 7 月（图 4-11）。

泽漆植株

泽漆花序

图 4-11　泽漆

6. 苍耳

【形态特征】根纺锤状，茎直立不分枝或少有分枝，下部圆柱形，上部有纵沟。叶互生，有长柄，叶片三角状卵形或心形，近全缘或有不明显浅裂，顶端尖或钝，基部稍心形或截形，与叶柄连接处成相等的楔形，边缘有不规则的粗锯齿，脉上密被糙伏毛，正面绿色，背面苍白色，被糙伏毛。头状花序近于无柄，聚生，单性同株，雄花序球形；总苞片小，密生柔毛；花托柱状，托片倒披针形；小花管状，花药长圆状线形；花期 7 ~ 8 月。成熟瘦果总苞变坚硬，卵形或椭圆形，绿色、淡黄色或红褐色，瘦果内含 1 颗种子；果期 9 ~ 10 月（图 4–12）。

苍耳植株

苍耳花序

图 4–12　苍耳

7. 播娘蒿

【形态特征】茎直立，圆柱形，上部分枝，具纵棱槽，密被分枝状短柔毛。叶互生，下部叶有柄，向上叶柄逐渐缩短或近于无柄，叶片矩圆形或矩圆状披针形，2 ~ 3 回羽状全裂或深裂，最终裂片条形或条状矩圆形，先端钝，全缘，两面被分枝短柔毛。总状花序顶生；萼片直立，外面具叉状细柔毛；花瓣 4 片，黄色，匙形。长角果圆筒状，斜展，稍内曲，成熟后开裂；种子小，长圆形，稍扁，淡红褐色；花果期 6 ~ 9 月（图 4–13）。

播娘蒿植株

播娘蒿花序

图 4-13 播娘蒿

8. 小蓬草

【形态特征】茎直立，圆柱形，上部多分枝，具粗糙毛和细条纹。叶互生，叶柄短或不明显；叶片窄披针形，全缘或微锯齿，有长睫毛，基部楔形。头状花序有短梗，多为圆锥状或伞房状；花梗较短，中部为小的直立舌状花，白色至微带紫色，中部为黄色筒状花，筒状花短于舌状花；花期 5 ~ 9 月。瘦果线状披针形，扁平，矩圆形，具斜生毛；冠毛污白色，1 层，糙毛状；种子繁殖（图 4-14）。

小蓬草植株

小蓬草花序

图 4-14 小蓬草

9. 荠菜

【形态特征】茎直立，单一或从下部分枝。基生叶丛生呈莲座状，羽状分裂，顶裂片卵形至长圆形，侧裂片长圆形至卵形，顶端渐尖，浅裂或有不规则粗锯齿或近全缘，茎生叶窄披针形或披针形，基部箭形，抱茎，边缘有缺刻或锯齿。总状花序顶生及腋生；萼片长圆形，花瓣白色，卵形，有短爪。短角果倒三角形或倒心状三角形，扁平，无毛，顶端微凹，裂瓣具网脉；种子长椭圆形，浅褐色；花果期 4 ~ 6 月（图 4–15）。

荠菜植株

荠菜花序

图 4–15　荠菜

10. 车前草

【形态特征】根茎部短粗，有密集的根须。叶由根部产生，具长柄，与叶片等长或长于叶片，基部扩大呈莲座状，叶片平卧、斜展或直立，叶面平滑，叶片卵形或椭圆形，全缘或呈不规则波状浅齿，叶片正面有 4 ~ 7 条弧形脉，向叶子背部凸起。花茎数个，具棱角，有疏毛；穗状花序，花淡绿色，宿存苞片三角形；花萼 4 瓣，基部稍合生，椭圆形或卵圆形，花冠小，雄蕊着生在花冠筒近基部处，与花冠裂片互生，花药长圆形，先端有三角形突出物，花丝线形；雌蕊卵圆形，花柱线形，有毛；花期 6 ~ 9 月。蒴果卵状圆锥形，顶端宿存的花柱成熟时破裂；种子近椭圆形，黑褐色；果期 7 ~ 10 月（图 4–16）。

车前草植株

车前草花序

图 4-16　车前草

11. 蒺藜

【形态特征】茎匍匐，由基部生出多数分枝，无毛，被长柔毛或长硬毛。偶数羽状复叶，小叶对生，矩圆形或斜短圆形，先端锐尖或钝，基部稍偏斜，被柔毛，全缘。花腋生，花梗短于叶，花黄色，萼片宿存，花瓣 5 片，雄蕊 10 枚，生于花盘基部，基部有鳞片状腺体；花期 5 ～ 8 月。果有分果瓣，由 5 个果瓣组成，成熟时分离，质硬，无毛或被毛，中部边缘有锐刺，下部常有小锐刺，其余部位常有小瘤体；果期 6 ～ 9 月（图 4–17）。

蒺藜植株

蒺藜花序

图 4-17　蒺藜

12. 葎草

【形态特征】茎、枝、叶柄均具倒钩刺。叶纸质，肾状五角形，掌状深裂，基部心形，表面粗糙，疏生糙伏毛，背面有柔毛和黄色腺体，裂片卵状三角形，边缘具锯齿。圆锥花序，雌花序球果状，苞片纸质，三角形，顶端渐尖，具白色茸毛，子房被苞片包围，柱头伸出苞片外。雄花小，黄绿色。瘦果成熟时露出苞片外（图 4-18）。

葎草植株

葎草花序

图 4-18　葎草

13. 苦荬菜

【形态特征】全株无毛。茎直立，多分枝，紫红色。基生叶丛生，花期枯萎，卵形、长圆形或披针形，先端急尖，基部渐窄成柄，边缘波状齿裂或羽状分裂，裂片边缘具细锯齿；茎生叶互生，舌状卵形，无柄，先端急尖，基部微抱茎，耳状，边缘具不规则锯齿。头状花序排成伞房状，具细梗；总苞圆筒状或长卵形，舌状花，先端齿裂，黄色、淡黄色、白色或变淡紫色。瘦果压扁，褐色，长椭圆形，无毛，有高起的尖翅肋，顶端急尖成长喙，喙细，细丝状。冠毛白色，纤细，微糙，不等长；花果期 3 ~ 6 月（图 4-19）。

14. 苦苣菜

【形态特征】茎直立，单生，有纵条棱或条纹，不分枝或上部有短的伞房花序状或总状花序式分枝，全部茎枝光滑无毛，或上部花序

苦荬菜植株

苦荬菜花序

图 4-19　苦荬菜

分枝及花序梗被头状具柄的腺毛。基生叶羽状深裂，全形长椭圆形或倒披针形，或大头羽状深裂，全形倒披针形，或基生叶不裂，椭圆形、椭圆状戟形、三角形、三角状戟形或圆形，基部渐狭成长或短翼柄；中下部茎叶羽状深裂或大头状羽状深裂，全形椭圆形或倒披针形，基部急狭成翼柄，翼狭窄或宽大，向柄基逐渐加宽，柄基圆耳状抱茎，顶裂片与侧裂片等大或较大或大，宽三角形、戟状宽三角形、卵状心形，侧生裂片，椭圆形，常下弯，下部茎叶或接花序分枝下方的叶与中下部茎叶同型；全部叶或裂片边缘及抱茎小耳边缘有大小不等的急尖锯齿或大锯齿，上部及接花序分枝处的叶边缘大部全缘或上半部边缘全缘，两面光滑无毛，质地薄。头状花序少数在茎枝顶端排成紧密的伞房花序或总状花序或单生茎枝顶端。总苞宽钟状，总苞片覆瓦状排列，向内层渐长；外层长披针形或长三角形，中内层长披针形至线状披针形，全部总苞片顶端长急尖，外面无毛，或外层、中内层上部沿中脉有少数头状具柄的腺毛。舌状小花多数，黄色。瘦果褐色，长椭圆形或长椭圆状倒披针形，压扁，每面各有 3 条细脉，肋间有横皱纹，顶端狭，无喙，冠毛白色，单毛状；花果期 5 ~ 12 月（图 4-20）。

15. 刺儿菜

【形态特征】根状茎长，茎直立，有纵沟棱，无毛或被蛛丝状

苦苣菜植株

苦苣菜花序

图 4-20　苦苣菜

毛。叶互生，下部和中部叶椭圆形或椭圆状披针形，表面绿色，背面淡绿色，两面有疏密不等的白色蛛丝状毛，顶端短尖或钝，基部窄狭或钝圆，近全缘或有疏锯齿，无叶柄。头状花序单生茎端，少数或多数头状花序在茎枝顶端排成伞房花序；总苞卵形、长卵形或卵圆形；总苞片多层，顶端长尖，具刺；管状花；小花紫红色或白色。瘦果淡黄色，椭圆形或长卵形，压扁，顶端斜截形；冠毛污白色，多层，整体脱落；冠毛刚毛长羽状，顶端渐细；花果期 5 ~ 9 月（图 4-21）。

刺儿菜植株

刺儿菜花序

图 4-21　刺儿菜

16. 田旋花

【形态特征】根状茎横走，茎平卧或缠绕，有棱。叶柄长 1 ~ 2 厘米；叶片戟形或箭形，全缘或 3 裂，先端近圆或微尖，有小突尖头；中裂片卵状椭圆形、狭三角形、披针状椭圆形或线形；侧裂片开展或呈耳形。花腋生，花梗细弱；苞片线性，与萼远离；萼片倒卵状圆形，无毛或被疏毛，缘膜质；花冠漏斗形，粉红色、白色，外面有柔毛，褶上无毛，有不明显的浅裂；花期 5 ~ 8 月。蒴果球形或圆锥状，无毛；种子椭圆形，无毛；果期 7 ~ 9 月（图 4–22）。

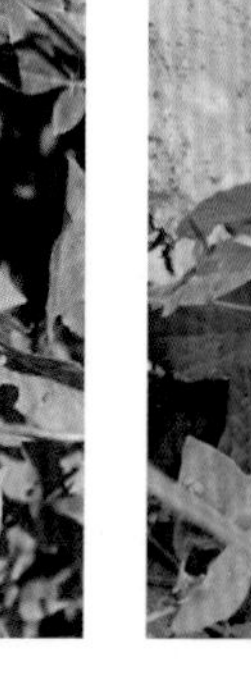

田旋花植株

田旋花花序

图 4-22　田旋花

17. 酸模

【形态特征】主根粗短，茎直立，细长，单生。单叶互生，基生叶和茎下部叶箭形，顶端急尖或圆钝，基部裂片急尖，全缘或微波状；茎上部叶较小，具短叶柄或无柄；托叶鞘膜质，易破裂。花序狭圆锥状，顶生，花单性，雌雄异株；花梗中部具关节；花被椭圆形，雄花外轮花被片小；雌花内花被片圆形，结果时增大，近圆形，全缘，基部心形，网脉明显，基部具极小的小瘤，外花被片椭圆形，反折；花期 5 ~ 7 月。瘦果椭圆形，具三棱，黑棕色，有光泽；果期 6 ~ 8 月（图 4–23）。

酸模植株

酸模花序

图 4-23　酸模

18. 委陵菜

【形态特征】根粗壮，圆柱形，稍木质化。花茎直立或上升，被稀疏短柔毛及白色绢状长柔毛。基生叶为羽状复叶，叶柄被短柔毛及绢状长柔毛；小叶片对生或互生，上部小叶较长，向下逐渐减小，无柄，长圆形、倒卵形或长圆披针形，边缘羽状中裂，裂片三角卵形、三角状披针形或长圆披针形，顶端急尖或圆钝，边缘向下反卷，正面绿色，被短柔毛或脱落几无毛，中脉下陷，背面被白色茸毛，茎生叶与基生叶相似，叶片对数较少；基生叶托叶近膜质，褐色，外面被白色绢状长柔毛，茎生叶托叶草质，绿色，边缘锐裂。伞房状聚伞花序，基部有披针形苞片，外面密被短柔毛；萼片三角卵形，顶端急尖，副萼片带形或披针形，顶端尖，外面被短柔毛及少数绢状柔毛；花瓣黄色，宽倒卵形，顶端微凹，比萼片稍长。瘦果卵球形，深褐色，有明显皱纹；花果期 4 ～ 10 月（图 4–24）。

19. 通泉草

【形态特征】茎直立，上升或倾卧状上升，着地部分节上常能长出不定根，分枝多而披散，少不分枝。基生叶少到多数，有时成莲座状或早落，倒卵状匙形至卵状倒披针形，膜质至薄纸质，长 2 ～ 6 厘米，顶端全缘或有不明显的疏齿，基部楔形，下延成带翅的叶柄，边缘具不规则的粗齿或基部有 1 ～ 2 片浅羽裂；茎生叶对生或互生，少

委陵菜植株

委陵菜花序

图 4-24　委陵菜

数，与基生叶相似或几乎等大。总状花序生于茎、枝顶端，常在近基部即生花，伸长或上部成束状，花稀疏；花萼钟状，萼片与萼筒近等长，卵形，端急尖，脉不明显；花冠白色、紫色或蓝色，上唇裂片卵状三角形，下唇中裂片较小，稍突出，倒卵圆形。蒴果球形，种子小而多数，黄色，种皮上有不规则的网纹；花果期 4 ~ 10 月（图 4-25）。

通泉草植株

通泉草花序

图 4-25　通泉草

二、田间杂草为害

杂草一般具有多种传播方式，繁殖能力、再生能力和环境适应性都较强，生命周期通常比农作物短，在辣椒生长周期普遍存在（图4-26），主要为害有：

（1）与辣椒争夺肥、光、水分、空间，影响辣椒产量和品质。杂草有发达的根系，有些匍匐地面的茎节也能生根，吸收能力强，幼苗阶段生长速度快，光合效率高，而且营养生长快速向生殖生长过渡，夺取水分、养分和日光的能力比辣椒强，从而侵占辣椒植株在地上和地下的生存空间，田间通风和透光困难，妨碍辣椒的光合作用，寄生性杂草则直接从辣椒植株上吸收养分，这些都影响辣椒的产量、口感、果实着色和品质。

（2）辣椒田间杂草丛生，妨碍农事操作，其中田旋花和葎草使辣椒植株倒伏，可造成茎叶和果实发生霉烂，降低辣椒产量，引发辣椒多种病害。

（3）许多杂草是滋生病虫害的中间宿主或场所，加重辣椒田间病害和虫害的发生。

图 4-26　辣椒田间杂草为害

三、田间杂草的发生规律

杂草的萌发与消长，受环境条件影响很大，萌发出苗时间较长，先后不整齐。随着气候条件的变化，生长逐步加快。一般露地辣椒田杂草种类多，主要有马唐、狗尾草、稗、莎草、马齿苋、播娘蒿、荠菜、反枝苋、灰灰菜、刺儿菜等。辣椒田在水肥管理良好的情况下不仅辣椒生长快，植株根系周边的杂草也会迅速生长，造成辣椒田杂草丛生。特别在辣椒田灌溉和雨后等土壤湿润条件下，杂草快速生长。农田杂草的发生有两个高峰期，3 ~ 6 月为春夏季杂草发生高峰期，9 ~ 11 月为秋冬季杂草发生高峰期。7 ~ 8 月的盛夏和 12 月至翌年 2 月的严冬，基本不发生。杂草的发生类型具体可归纳为以下 4 种。

（1）早春发生型：每年 2 月下旬至 3 月上旬开始发生，3 月中下旬达到发生高峰。如春蓼、藜等杂草均属于这一类型。

（2）春夏发生型：每年从 3 月中旬至 5 月初开始发生，6 月中下旬达到发生高峰。如稗、狗尾草、马唐、千金子、马齿苋、香附子、鸭舌草等杂草都属于这一类型。

（3）秋冬发生型：每年 8 月下旬至 9 月上旬开始发生，11 月达到发生高峰。如看麦娘、小飞蓬等都属于这一类型。

（4）春秋发生型：这类杂草除了在 12 月至翌年 2 月的严寒期以及 7 月酷暑期很少发生外，其余各月一般都能发生，所以也称为四季发生型。其中以春秋两季发生量最大。如荠菜、灰绿藜等都属于这一类型。

四、辣椒田间杂草的防治技术

农田杂草综合防除的关键时期是杂草的萌芽期或幼苗期，选择土壤较干旱时除草，杂草复活概率比较小，能更有效地杀死杂草。辣椒露地栽培，环境比较开放，杂草防治较日光温室和塑料大棚难度大。辣椒田间杂草的防控采用覆膜控草为主，人工除草与机器除草为辅，少量使用化学除草的原则进行综合防控。

（一）辣椒田杂草农业防治

（1）人工除草：辣椒松土培蔸时，把辣椒根周边的位置留出来，其他位置轻轻地刮一层地皮去除杂草，除草1～3次，每次选择杂草刚出土不久时进行，遇到恶性杂草还要连根拔掉拉走。这样不仅提高了松土、除草的效率，还抑制了杂草再生的速度，节省人工时间。

（2）轮作灭草：不同作物常有自己的伴生杂草或寄生杂草，这些杂草所需的生境与作物生长生境极相似，因此，科学的轮作倒茬，改变其生境，便可明显减轻杂草的为害。

（3）合理密植，以密控草：农田杂草以其旺盛的长势与作物争水、争肥、争光。因此，科学合理密植，能加速作物的封行进程，利用作物自身的群体优势抑制杂草的生长，即以密控草，可以收到较好的防除效果。

（4）机械耕作除草：利用各种耕翻、耙、中耕松土等措施进行播种前及各生育期除草，能铲除已出土的杂草或将草籽深埋，或将地下茎翻出地面使之干死或冻死。这是我国北方旱区目前使用最为普遍的措施。

（5）覆盖地膜：栽种辣椒时覆盖一层薄膜，不仅能有效起到保温保湿的作用，还有抑制杂草生长的作用。不同地区不同季节覆盖的膜颜色不同，应用普遍的是白膜和黑膜。在辣椒定植孔或薄膜破损处、压膜位置检查有没有杂草生长，一旦发现杂草及时除掉。夏天覆盖地膜能使地面土温上升到50℃以上，可将大部分杂草幼芽杀死。

（6）覆盖除草布：此种方式是覆盖地膜方法的延伸，除草布是一种专门除草的编织布，也叫防草布，抗杂草性和透气性好，寿命长，能抑制杂草生长还防腐，经久耐用，可重复利用。

（7）覆盖物除草：覆盖物防除杂草主要是通过覆盖防止光的透入，抑制光合作用，造成杂草幼苗无法生长，防止杂草再生及喜光性杂草种子的萌发，一般铺盖在辣椒行间。可用秸秆、花生壳、稻谷糠、麦糠等材料，覆盖厚度以不透光为宜，防除多年生杂草比防除一年生杂草覆盖厚度厚。

（二）辣椒田杂草化学防治

化学除草是利用化学药剂防除杂草的方法，其主要特点是高效、省工，尤其是可以免去繁重的田间除草劳动，解放田间的劳动力。目前，国外已有400余种除草剂，加工成数千种不同剂型的制剂。辣椒属于双子叶植物，且对除草剂比较敏感，因此，应尽量选择辣椒田专用除草剂。

（1）直播田的化学除草：直播田可在播种后出苗前，喷施33%二甲戊灵乳油50 ~ 75毫升/亩。如果要封闭禾本科杂草和阔叶类杂草，以上药剂再复配上24%乙氧氟草醚乳油10 ~ 20毫升/亩。但需要注意以下几点：①力求把地整平，避免种子裸露或播种过浅产生药害；②每亩30 ~ 40千克药液，力求喷洒均匀，不重喷；③药剂量不宜随意增加；④尽量看天气播种和喷药，避免喷药后出苗时遇连续阴雨造成药害，出苗前后也不宜浇水；⑤对于覆膜田，不建议把药液直接喷在膜下，以免出苗后发生药害。

（2）移栽田的化学除草：对于移栽田，可在定植前1 ~ 3天喷施沪联施田旺150 ~ 200毫升。如果要封闭禾本科杂草和阔叶类杂草，以上药剂再复配上24%乙氧氟草醚乳油20 ~ 30毫升。但需要注意，定植操作的时候尽量不翻动土层。生长期间如果有杂草出现，只能使用10.8%高效吡氟氯禾灵乳油20 ~ 40毫升，或10%精噁唑禾草灵乳油50 ~ 75毫升，在杂草展叶3片后进行茎叶喷雾，防除禾本科杂草。

（3）保护地育苗的化学除草：辣椒一般都采用大棚等保护地育苗，棚内温度高、湿度大，常用的土壤封闭处理剂大多会对出苗产生影响，根据多年试验，敌草胺用于苗床相对安全，主要防除禾本科杂草，可以在播后苗前每亩用20%敌草胺乳油150 ~ 200毫升加水50千克喷雾，沙土地每亩用药量120毫升，应浇足底水，保持土表湿润。

（4）定植前后的化学除草：除草要及早干预，覆膜移栽田，一般应在喷药2 ~ 3天后再覆膜，然后移栽辣椒，以防药害。定植后适用的除草剂有氟乐灵、施田补、恶草酮、异丙隆等，应根据田间杂草种类选择合适的药剂，以早熟禾、马唐、牛筋草等禾本科杂草为主的田块，可以每亩用氟乐灵 100 ~ 150 毫升，避开强光高温时段施药，施药后需混土。辣椒对乙草胺较敏感，应慎用。

禾本科杂草和阔叶类杂草混生的田块，每亩用施田补（33% 二甲戊灵乳油）133 ~ 200 毫升，或 50% 异丙隆 150 ~ 170 毫升（异丙隆在常用剂量下仅对禾本科杂草有效，如需兼治阔叶类杂草，需加大剂量），施药后保持土表湿润效果好，禾本科杂草、莎草科杂草和阔叶类杂草三类杂草混生的田块，可以使用果尔、恶草酮或复配剂如旱草灵等药剂。

（5）生长期间的化学除草：辣椒生长期间如果有杂草出现，只能使用 10.8% 高效吡氟氯禾灵乳油 20 ~ 40 毫升，或 10% 精噁唑禾草灵乳油 50 ~ 75 毫升，在杂草展叶 3 片以后进行喷雾除治禾本科杂草。不论是直播田还是移栽田，春季土壤温度较低，阔叶类杂草出土较早，以封闭性除草剂控制一年生阔叶类杂草为主。夏季禾本科杂草较多的时候，再喷施针对禾本科杂草的茎叶处理剂。

（6）化学除草注意事项：①平整土地，避免种子裸露或播种过浅，产生药害。②在使用除草剂的时候，一定要注意用量和浓度，将其均匀地喷洒在地块上。③及时了解天气状况，避免喷药后出苗时遇连续阴雨造成药害，辣椒出苗前后也不宜浇水。④定植期间，最好不要做松土工作，等杂草生长至 4 片叶子以后，在茎叶上喷洒除草剂，能快速除去杂草。

第五部分 病虫草害综合防治

在有效防控辣椒病虫草害为害的同时，减少化学农药使用量和农药残留，采用“综合防控，预防为主”的植保方针，坚持农业防治、物理防治、生物防治等为主的绿色防控技术，强化科学安全使用化学农药，开展辣椒病虫草害的绿色防治工作，确保辣椒生产“高产、优质、高效、生态、安全”。在定植前预防、育苗期间消毒和定植后综合防控，强调病虫害源头控制，早期控制，利于减轻病虫为害；强调综合技术应用，利于提升防治效果，减轻对化学农药的依赖。

优先采用农业、物理、生态等措施防治病虫害，必要时选用生物源、矿物源等药剂防治病虫害。应针对病虫害种类选择登记药剂，按照农药标签标明的用药时期、用药量、用药方法、用药频次、安全间隔期以及主要天敌的安全性等信息使用农药。合理高效用药，应准确计算用药量，并精准配置药液，做好用药记录。结合田间观察和监测，确保早期及时用药或者预防用药。病害和有世代重叠现象的害虫，化学防治时应轮换使用不同药剂、连续多次防治，有利于确保防治效果，同时延缓抗药性发生。

一、农业防治措施

1. 防治原则

从选地、整畦、品种选择、茬口安排、种子消毒、播种育苗、定植、田间管理、采收等各个环节，严格规范操作，防止病虫草害发生。

2. 防治措施

生产中应避免连作，尽量采用高垄或高畦栽培方式，与葱蒜类和绿叶类等非茄科蔬菜轮作或者间作。使用腐熟有机肥，选用适合当地的抗病虫害品种。适时育苗播种，培育壮苗。定植前增施有益菌肥，改良土壤结构。生产期和采摘期及时摘除病叶、老叶、病果，清除田间病株，带至田外集中无害化处理。科学合理进行水肥管理，在辣椒种植区周边种植玉米等高秆禾本科作物隔离外界蚜虫、粉虱。在辣椒地四周种植向日葵、万寿菊等花期长、色彩鲜艳的鲜花，或在大棚间种植芝麻等蜜源植物，诱集害虫，集中消灭。或在通风口种植芹菜等驱避植物，驱散害虫。及时采收长势衰弱的植株且适当疏果。利用地膜覆盖、多层棚膜覆盖、遮阳覆盖、微喷、滴灌、膜下暗灌等措施，结合植株需要，进行温度、湿度和光照调控，创造适宜作物生长的环境，提高植株抗逆性。

二、化学防治措施

1. 防治原则

了解病虫种类、发生动态和农药性质，对症用药、适时用药，正确掌握用药量，交替轮换用药，在能防治病虫害的前提下，应选择低毒、低残留的农药品种，注意农药安全间隔期及有益生物的毒性。

2. 常用杀虫剂及使用方法

（1）吡虫啉：是新一代氯代尼古丁超高效杀虫剂，具有广谱、高效、低毒、低残留，害虫不易产生抗性，对人、畜、植物和天敌安全等特点，并有触杀、胃毒和内吸多重药效，对刺吸式口器害虫和鞘翅目、双翅目、鳞翅目的某些害虫有效。可用于防治辣椒蚜虫、飞虱、粉虱、蓟马、潜叶蛾等害虫，但对根结线虫和红蜘蛛无效。由于它的良好内吸性，特别适用于种子处理和撒颗粒剂的方式施药，一般每亩用3～10克，兑水喷雾或拌种。安全间隔期20天。不要与碱性农药混用。不宜在强烈阳光下喷雾，以免降低药效。防治辣椒蚜虫、粉虱时，可用10%吡虫啉可湿性粉剂1 500～2 000倍液进行喷雾。防治辣椒蓟马时，可用25%吡虫啉1 000倍液进行喷雾。

（2）阿维菌素：是一种高效、广谱、混配性好的抗生素类杀虫杀螨剂，对叶片有很强的渗透作用，可杀死表皮下的害虫。对螨类和昆虫有胃毒和触杀作用，对成虫有效，无杀卵作用。对捕食性昆虫和寄生天敌有直接触杀作用。用于防治辣椒烟青虫、棉铃虫、蚜虫、斑潜蝇、根结线虫及常见的螨虫等害虫。防治红蜘蛛等螨虫，前期推荐使用2%阿维菌素乳油3 000～5 000倍液。防治根结线虫推荐使用1%阿维菌素1 000克/亩，在种植前撒施或者后期随水冲施。

（3）啶虫脒：属于氯代烟碱类杀虫剂。该药剂具有杀虫谱广、活性高、用量少、持效期长又速效等特点，具有触杀和胃毒作用，内吸活性强。对于有机磷、氨基甲酸酯，以及拟除虫菊酯类农药产品产生抗药性的害虫有着十分优秀的防治效果。该产品和吡虫啉属于同一系列药剂，但它的杀虫谱系比吡虫啉要广得多，对半翅目（蚜虫、粉虱等）、鳞翅目、鞘翅目及缨翅目（蓟马类）害虫的防治效果均表现良好。防治蚜虫时，在蚜虫发生的初盛期喷施3%啶虫脒乳油1 000～1 500倍液，有良好的防治效果。

（4）高效氯氰菊酯：属于拟除虫菊酯类杀虫剂，具有广谱、高效、快速的作用特点，是氯氰菊酯的异构体，其活性要比氯氰菊酯高许多。在防治害虫的时候，具有触杀和胃毒作用，能很快地杀灭害虫，且对多种害虫有很好的防治效果。高效氯氰菊酯在植物体内没有传导和内吸作用，对鳞翅目和鞘翅目害虫防治效果较好，并且药物持效期比较长，但高效氯氰菊酯药效的发挥受温度影响较大，随温度的升高药效明显提升，温度降低药效下降。主要防治辣椒蚜虫、斑潜蝇、蓟马、斜纹夜蛾、烟青虫等害虫。高效氯氰菊酯一般为4.5%或5%的剂型1 500倍液或10%的剂型3 000倍液，选在害虫的发生初期防效较好。由于高效氯氰菊酯容易受温度的影响，可与其他杀虫剂复配来弥补缺陷，如复配马拉硫磷或甲维盐等。高效氯氰菊酯无内吸传导性，药剂不能快速传导到作物各个部位，故喷施药物要均匀周到。防治蚜虫，可用4.5%高效氯氰菊酯50毫升加水40千克均匀喷雾。防治青虫，应在3龄幼虫前喷施防治，可用4.5%高效氯氰菊酯30毫升兑水40千克均匀喷雾。防治蓟马，可用4.5%高效氯氰菊酯50毫升兑水40千克均匀喷雾。

（5）抗蚜威：为强选择性氨基甲酸酯杀蚜虫药剂，具有触杀、熏蒸和渗透叶面的作用，能有效防治除棉蚜以外的所有蚜虫，对有机磷产生抗性的蚜虫亦有效。杀虫迅速，残效期短，对作物安全，不伤天敌，是害虫综合防治的理想药剂。对人、畜中等毒性。剂型为50%

可湿性粉剂。使用注意事项：①在15℃以下使用效果不能充分发挥，使用时最好气温在20℃以上。②见光易分解，应避光保存。③辣椒收获前7～10天停止用药。防治辣椒蚜虫每亩用50%可湿性粉剂10～18克，兑水30～50千克喷雾。

（6）噻嗪酮：属于噻二嗪类昆虫生长调节剂型低毒仿生杀虫剂，对害虫有很强的触杀作用和一定胃毒作用，在植物体内不内吸传导，但有一定的渗透能力，能被叶片或叶鞘吸收，不能被根系吸收传导。对低龄若虫毒杀能力强，对3龄以上若虫毒杀能力显著下降。推荐剂量下一般对成虫没有直接杀伤力，但可缩短其寿命，减少产卵量，且所产的卵多为不育卵，即使能孵化，幼虫也很快死亡，可减少下一代的发生数量。对害虫具有很强的选择性，只对半翅目粉虱有高效，对烟青虫、棉铃虫、斜纹夜蛾等鳞翅目害虫无效。药效发挥慢，一般在施药后的3～5天产生药效。若虫蜕皮时才开始死亡，施药后7～10天死亡数达到高峰，因而药效期长，一般直接控制虫期为15天左右，在常用浓度下对天敌无影响，发挥天敌控制害虫的作用，总有效期可达1个月左右。常与杀虫单、吡虫啉、高效氯氰菊酯、高效氯氟氰菊酯、阿维菌素、烯啶虫胺、吡蚜酮、醚菊酯、哒螨灵等杀虫剂混配，生产复配杀虫剂。辣椒上主要用于防治白粉虱、烟粉虱、茶黄螨等。使用注意事项：①噻嗪酮无内吸传导作用，要求喷药均匀周到。②不能与碱性药剂、强酸性药剂混用。不宜多次、连续、高剂量使用，一般1年只宜用1～2次。连续喷药时，注意与不同杀虫机制的药剂交替使用或混合使用，以延缓害虫产生耐药性。辣椒上防治白粉虱，用10%噻嗪酮乳油1 000倍液喷雾，或用25%噻嗪酮可湿性粉剂1 500倍液与2.5%联苯菊酯乳油5 000倍液混配喷施。

（7）苏云金杆菌：是对人和环境友好的安全型细菌杀虫剂，农业中经常使用的生物杀虫剂，用于防治直翅目、鞘翅目、双翅目、膜翅目，特别是鳞翅目的多种害虫，且有杀卵作用。有内吸、触杀、胃毒、驱避等多种作用，具有渗透性、传导性、高活性、稳定性等特点，对地下、地上所有害虫通杀。对辣椒烟青虫、棉铃虫、斜纹夜蛾等鳞翅目害虫有很好的防治效果。苏云金杆菌的活性越强，防治效果越好。这种细菌最适宜的繁殖温度为20～30℃，当气温低于20℃时，药效会比较差，每年5～9月用药效果最好，冬季不宜使用。使用注意事项：①苏云金杆菌作用缓慢，害虫取食2天左右才能见效，因此对于这种药的使用更多的是以预防为主，可以在害虫发生前使用，以预防其大面积发生。如果在害虫盛发期用药，可以和触杀型农药（如阿维菌素、甲维盐）一起使用，效果会更好。②苏云金杆菌属于细菌，不能和杀菌剂混配。喷施效果最好，每亩用菌粉100克，兑水30千克进行喷雾。为了提高药效，应做到随配随用，从稀释到使用，一般不要超过2小时，使用间隔10～15天。

（8）哒螨灵：属于哒嗪酮类杀虫杀螨剂，有效成分为哒螨灵，在pH值为4～9的条件下稳定，对光相对不稳定。乳油在常规条件下至少可保存2年。对害螨具有触杀作用，无内吸传导和熏蒸作用，对防治成螨、若螨及卵都有效，速效性好，而且药效不受温度影响，与苯丁锡、噻螨酮等常规杀螨剂无交互抗药性，持效期30～40天。可用于防治多种植食性害螨，对粉虱若虫、飞虱、蓟马和蚜虫等刺吸式害虫防治效果好。使用注意事项：①收获前3天停用。②1年内最多使用2次。③不能与石硫合剂、波尔多液等强碱性物质混用。防治辣椒上的茶黄螨，用15%可湿性粉剂2 000倍液喷雾。防治辣椒蚜虫、粉虱、蓟马等害虫，用20%可湿性粉剂1 500～2 000倍液喷雾。

（9）氯虫苯甲酰胺：属于邻甲酰氨基苯甲酰胺类杀虫剂，杀虫机制独特，是一种广谱性杀虫剂，即使是低剂量也具有可靠和稳定的防效，其药效期较长，施药后不怕雨水的冲洗，在作物的任何生长时期都能提供即刻且长久的保护。与目前生产上使用的其他杀虫剂均无交互抗药性，对菊酯类、有机磷类、沙蚕毒类农药有很强抗性的斜纹夜蛾、甜菜夜蛾等害虫，均有良好的防效。具有较强的渗透性，药液可以穿过植物的茎部表皮细胞层进入木质部，并沿着木质部传导至未施药的其他部位，所以进行田间作业时一般采用细喷雾进行施药。该药物有一定的触杀性，但以胃毒为主要作用途径，施药后其药液的内吸传导性可以均匀地分布于植物体内，害虫取食后会慢慢死亡。该药物对于初孵幼虫具有较强的杀伤性，害虫初孵咬破卵壳接触到卵面的药剂时就会中毒死亡。氯虫苯甲酰胺复配：①氯虫苯甲酰胺+吡蚜酮，对辣椒甜菜夜蛾、烟青虫、地老虎、棉铃虫等有防治作用。②氯虫苯甲酰胺+阿维菌素，专杀棉铃虫、甜菜夜蛾等鳞翅目害虫。③氯虫苯甲酰胺+高效氯氟氰菊酯，对辣椒棉铃虫、蚜虫、烟青虫等有防治作用。④氯虫苯甲酰胺+甲维盐，将杀虫速效与持效完美结合，解决了长期单一使用氯虫苯甲酰胺时害虫的抗药性及速效性问题。⑤氯虫苯甲酰胺+虫螨腈，能够快速阻隔害虫繁殖，对害虫各龄期幼虫杀灭效果优异，快速控虫，在蛾高峰期和卵孵化高峰期使用效果佳。

（10）甲氨基阿维菌素：又称甲氨基阿维菌素苯甲酸盐（甲维盐），是从发酵产品阿维菌素B1中生产出来的半合成抗生素杀虫剂，杀虫机制和阿维菌素一致，触杀和胃毒作用突出，具有较高的杀虫活性，是阿维菌素杀虫活性的3倍。甲维盐通过触杀和胃毒，扰乱神经系统，使细胞功能丧失，幼虫接触后立即停止为害，不再取食，3天左右达到死亡高峰。甲维盐的杀虫效果随着温度的升高而提高，温度在25℃以上，杀伤力可以提高1 000倍以上（此特点是与阿维菌素最大的区别），在夏季高温情况下使用甲维盐防虫较好。甲维盐选择性强，对鳞翅目害虫杀虫活性极高，但对其他害虫的杀虫活性相对较低。不同的害虫生活习性不同，虫害的发生温度有所不同，使用药剂防治时要根据害虫的生活习性正确选择。甲维盐若使用频繁，且随意增大用量易使害虫产生抗药性。解决抗药性最好的办法就是复配。多与虫螨腈、茚虫威、苏云金杆菌、多杀霉素、丙溴磷、氟苯甲酰胺等混配或复配。防治辣椒斜纹夜蛾，使用25%甲维・虫酰肼悬浮剂40～60毫升/亩进行喷雾。

3. 常用杀菌剂及使用方法

（1）多菌灵：属于苯并咪唑类，是一种高效低毒内吸性杀菌剂，具有明显的向顶输导性能，除叶部喷雾外，也多作拌种和拌土使用；为广谱内吸性杀菌剂，药剂经种子、根、叶吸收，可在作物体内传导，具有保护作用，残效期长。多菌灵可与一般杀菌剂混用，但与杀虫剂、杀螨剂混用时要随混随用。连续使用多菌灵，容易引起病原菌的抗药性，故应与其他药剂轮换使用或混用。甲基硫菌灵与多菌灵有交互抗药性，所以不宜与多菌灵轮换使用。不能与强碱性药剂或含铜药剂混用，应与其他药剂轮用。不要长期单一使用多菌灵，也不能与硫菌灵、苯菌灵、甲基硫菌灵等同类药剂轮用。与硫黄、混合氨基酸铜·锌·锰·镁、代森锰锌、代森铵、福美双、福美锌、五氯硝基苯、菌核净、溴菌清、乙霉威、井冈霉素等有混配剂；与敌磺钠、代森锰锌、百菌清、武夷菌素等能混用。多菌灵可防治辣椒炭疽病、菌核病，在发病初期可选择25%可湿性粉剂300～400倍液，40%可湿性粉剂500～600倍液，50%可湿性粉剂或40%悬浮剂600～800倍液，80%可湿性粉剂或50%悬浮剂或500克/升悬浮剂1 000～1 200倍液均匀喷雾，每隔10天喷1次，连喷3～4次。

（2）百菌清：是一种高效、广谱、低毒、保护性杀菌剂，没有内吸传导作用，但喷到植物上之后，在体表有良好的黏着性，不易被雨水冲刷掉，因此药效期较长，可防治多种真菌性病害，对多菌灵发生抗药性的病害，利用百菌清进行防治效果显著，但对于防治土传腐霉属菌所引起的病害没有药效。使用时注意不能与碱性农药混合使用，不宜在辣椒开花期前后使用。可防治辣椒炭疽病和早疫病，在病害发生初期可用75%百菌清可湿性粉剂600～800倍液喷药，每隔7～10天喷1次，连喷3～4次。防治辣椒猝倒病可用75%百菌清可湿性粉剂400～600倍液进行喷雾。

（3）福美双：是一种有机磷类广谱保护性杀菌剂，具有渗透性，在土壤中持效期较长，用作种子处理、土壤处理或喷雾。福美双常与硫黄、多菌灵、甲基硫菌灵、异菌脲、腈菌唑、三乙膦酸铝、腐霉利、烯酰吗啉、拌种灵、甲霜灵、三唑酮、嘧霉胺、噁霉灵、戊唑醇、福美锌等杀菌剂混配，用于生产复配杀菌剂。不能与铜制剂及碱性药剂混用或前后紧接使用。适用范围非常广泛，对多种真菌性病害均有很好的防治效果。可防治辣椒早疫病、炭疽病、霜霉病、白粉病等，发病初期用50%可湿性粉剂500～800倍液，或70%可湿性粉剂700～1 100倍液均匀喷雾，每隔10天喷1次，连喷3～5次，与不同类型杀菌剂交替喷施，连续喷药。防治辣椒茎基部病害（立枯病、青枯病等）时，一般使用50%可湿性粉剂600～800倍液，或70%可湿性粉剂

800～1 000倍液进行浇灌。

（4）腐霉利：是新型杀菌剂，属于低毒性杀菌药物，具有保护和治疗的双重作用，持效期长，能有效阻止病斑发展，喷洒后可以通过作物的叶和根迅速吸收。耐雨水冲刷，与常用的杀菌剂（多菌灵、百菌清、甲基托布津、代森锰锌等）的机制完全不同，在苯并咪唑类药剂防治效果差的情况下，使用腐霉利仍然可以得到满意的防治效果。防治辣椒灰霉病，发病前或发病初期用50%可湿性粉剂1 000～1 500倍液进行喷雾，保护地每亩用10%烟剂200～250克熏蒸。

（5）嘧霉胺：属于苯胺基嘧啶类杀菌剂，对灰霉病有特效，具有保护和治疗作用，同时具有内吸和熏蒸作用，施药后迅速达到植株的花、幼果等喷雾无法达到的部位，从而杀死病菌，尤其是加入卤族特效渗透剂后，可增加在叶片和果实上的附着时间和渗透速度，有利于吸收，使药效更快、更稳定。此外嘧霉胺对温度不敏感，在相对较低的温度下施用不影响药效。该药剂不能与强酸、强碱性物质混用。防治辣椒灰霉病和菌核病，用70%嘧霉胺水分散粒剂1 000～1 500倍液进行喷雾。

（6）三唑酮：是一种高效、低毒、低残留、持效期长、内吸性强的三唑类杀菌剂，既能作为植物的杀菌剂使用，也能作为植物生长调节剂，提高植物的抗胁迫能力。它被植物的各部位吸收后，能在植物体内传导，对白粉病有预防、铲除、治疗等作用，可与碱性以及铜制剂以外的其他制剂混用，可以用于茎叶喷雾，也可以用作种子处理和土壤处理。对种子进行处理，有可能会延迟种子1～2天的出苗时间，但对种子出苗后的生长没有影响。使用时要控制用药量，过量用药会出现植株生长缓慢、株形矮化、叶片变小变厚、叶色深绿等不正常现象。注意收获前的20天要停止施用三唑酮。防治辣椒白粉病，可用15%可湿性粉剂1 000～2 000倍液喷雾，或20%乳油1 500～2 000倍液喷雾；防治温室白粉病用土壤处理法，每立方米土壤用15%可湿性粉剂10～15克拌和。防治辣椒锈病，发病初期可用20%乳油1 000～2 000倍液或25%可湿性粉剂2 000～3 000倍液喷雾。

（7）盐酸吗啉胍：是一种广谱性、低毒病毒病防治剂，抑制病毒繁殖，对病毒病有一定的控制和治疗作用。该药不能与碱性农药或碱性物质混用，但可以和其他具有不同作用的杀菌剂轮换使用，用药时需注意加强蚜虫的防治工作。盐酸吗啉胍复配后防治病毒效果更好，最常用的复配有吗胍·乙酸铜（16%盐酸吗啉胍+4%乙酸铜）、丙唑·吗啉胍（16%盐酸吗啉胍+2%丙硫唑）、烯·羟·吗啉胍（39.996%盐酸吗啉胍+0.002%烯腺嘌呤+0.002%羟烯腺嘌呤）、琥铜·吗啉胍（10%盐酸吗啉胍+10%琥胶肥酸铜）。防治病毒病时，每亩可用20%盐酸吗啉胍600～1 000倍液或20%吗胍·乙酸铜可湿粉剂500～700倍液进行喷施。

（8）香菇多糖：是一种广谱性的治疗植物病毒病的生物制剂，由一种特殊结构的线性分子组成的具有强烈杀灭作物病毒的糖–蛋白质复合体。是从蘑菇培养基中提取的抑制病毒RNA复制的高效治疗病毒病的生物农药，在植物表面有良好的湿润和渗透性，能迅速被植物吸收、降解，对人、畜及环境安全，适于绿色无公害基地使用。防治辣椒病毒病，在苗期、发病前期或发病期，每亩用0.5%水剂150～200毫升进行喷雾，每5～7天喷一次，连续喷施2～3次，施药后2～4天即可见效。需要注意的是，施药后4小时若遇降雨需要重喷，加量和连续使用不会产生药害。

（9）碱式硫酸铜：属矿物源、广谱性、无机铜类、非传导性、保护性、低毒杀菌剂，对真菌和细菌性病害有效，为传统波尔多液的理想换代产品。具有粒度细小、分散性好、耐雨水冲刷等特点，悬浮剂内还加有黏着剂，药液可黏附在植物表面形成一层保护膜，着色好，果面洁净。含有大量的钙、硼、锌、锰等微量元素，可显著提高产量和果品品质。该制剂的有效成分依靠植物表面水的酸化，逐步释放铜离子，抑制真菌孢子萌发和菌丝发育。与波尔多液（碱式硫酸铜为主要成分）相比，药液颗粒微细、使用方便、安全性好、喷施后植物表面没有明显药斑污染，但持效期较短。辣椒对生石灰敏感，使用波尔多液时应选用半量式或等量式波尔多液，主要用来防治辣椒炭疽病、软腐病、疮痂病等，在发病前和发病初期可用1：1：200（硫酸铜：生石灰：水）的波尔多液喷雾。防治辣椒炭疽病和疮痂病，定植前可用1%的碱式硫酸铜浸种，冲洗干净或用1%生石灰中和后播种。防治辣椒炭疽病、叶斑病、疮痂病、灰霉病等病害，可用30%碱式硫酸铜悬浮剂每亩180～220毫升进行喷雾。

（10）异菌脲：是一种二甲酰亚胺类高效广谱、触杀型保护性杀菌剂，同时具有一定的治疗作用，可通过根部吸收起内吸作用，有效防治对苯并咪唑类内吸杀菌剂（如多菌灵、噻菌灵）有抗性的真菌。异菌脲常与戊唑醇、咪鲜胺、氟啶胺、腐霉利、甲基硫菌灵、多菌灵等杀菌剂混配，用于生产复配杀菌剂。要避免与强酸、强碱性药剂混用，不宜长期连续使用，以免产生抗药性，应交替使用，或与不同性能的药剂混用。防治辣椒菌核病，用药量为种子重量的0.4%～0.5%进行种子消毒。防治辣椒早疫病、灰霉病时，在辣椒初花期至采收期都可以使用，使用50%异菌脲悬浮剂20～30克兑水15千克进行喷雾防治，也可以复配丙森锌、代森联等保护性杀菌剂使用。

（11）代森锰锌：是一种硫代氨基甲酸酯类广谱保护性杀菌剂，其杀菌范围广、不易产生抗药性，防治效果明显优于其他同类杀菌剂，锰、锌微量元素对作物有明显的促壮、增产作用，能增强植物抵抗病害的能力，在辣椒开花坐果期和幼果期不能使用，容易造成落花、落果。超过35℃的强光照的天气慎用，高温和强紫外光下活性成分的转化速率过快，容易导致药害发生。国内多数复配杀菌剂都用代森锰锌加工配制而成。该药不能与碱性农药、化肥和含铜的溶液混用。主要防治辣椒疫病、霜霉病等真菌性病害，发病前或发病初期开始喷药，用80%可湿性粉剂400～600倍液或每100升水加80%可湿性粉剂167～250克进行防治，每次间隔7～10天，连续使用4～6次。

（12）氨基寡糖素：是一种高效的杀菌剂，同时也是一种生长调节剂，作为一种新型的生物农药，氨基寡糖素不同于传统农药，它不直接作用于有害生物，而是通过激发植物自身的免疫反应，使植物获得系统性抗性（包括抗逆性），从而起到抗逆、抗病虫和增产的作用，被称为农业专用壳寡糖，分为固态和液态两种类型，具有药效、肥效双重功能。氨基寡糖素能够促进辣椒生长，使根系发达，叶片肥厚浓绿，能够提高辣椒的挂果率，延缓辣椒植株的衰老，增加产量。而且能够提高辣椒抗性，降低或延迟辣椒病害的发生，减少20%～30%的化学农药使用量。在辣椒病害（疫病、炭疽病、病毒病、细菌性疮痂病等）发生前，于辣椒苗期、移栽定植期、花期、果期等时期，用5%氨基寡糖素水剂1 000倍液均匀喷施茎叶，或淋根处理，每隔7天施药1次，连续施药3次。在发病初期，建议用5%氨基寡糖素水剂1 000倍液与杀菌剂组合应用。杀菌剂一定要交替使用，不能连续多次使用同一种杀菌剂。

4. 常用除草剂及使用方法

（1）氟乐灵：又名茄科宁、特福力、氟特力。为甲苯胺类选择性触杀内吸型除草剂，具有高效、低毒、低残留、残效期长等特点。主要剂型为48%乳油。氟乐灵可以防除稗、野燕麦、狗尾草、马唐、千金子、牛筋草、大画眉草、早熟禾、雀麦、马齿苋、猪毛草、藜、蒺藜等大多数单子叶杂草和少数双子叶杂草。氟乐灵应在辣椒移栽前施药，覆盖地膜的地块应在覆膜前施药。也可在移栽后杂草出苗前施药，用药后要及时把药液混入土中，以防光解和挥发。氟乐灵用于防除刚发芽的小草有效，对大草无效，应掌握在杂草发芽前施药。用氟乐灵防除辣椒田杂草，每亩用药100～150毫升，加水30～40千克，均匀喷雾，喷后耙地，把药液及时混入3～5厘米土层内。

（2）精喹禾灵：又名精禾草克。为苯氧脂肪酸类除草剂，选择性内吸传导型茎叶处理剂，一种通用除草剂，可防治马唐、狗尾草、野燕麦等一年生禾本科杂草，无法防治阔叶类杂草。土壤水分、空气相对湿度较高时有利于杂草对精喹禾灵的吸收和传导。长期干旱无雨，低温和空气相对湿度低于65%时不宜施药。一般选早晚施药，上午10时至下午3时不要施药。施药前注意天气预报，施药后应2小时内无雨。长期干旱天气若近期有雨，待雨后土壤水分和湿度改善后再施药，或有灌水条件的在灌水后再施药。虽然施药时间拖后，但药效比雨前或灌水前施药好。

（3）高效氯吡甲禾灵：又称盖草能，是一种苗后选择性除草剂，内吸传导性好，纯品为褐色结晶，工业品为橘黄色液体，稍溶于水，溶于多种有机溶剂，易燃，常用商品剂型为10.8%乳油。盖草能对人基本无毒，使用安全。盖草能系苗后选择性除草剂，有内吸传导性，对禾本科杂草有较强杀灭作用，药效较长，但对阔叶杂草与莎草无效。辣椒移栽后从杂草出苗至生长盛期均可施药。在杂草3～5叶期施用效果最好。每亩用10.8%的盖草能乳油20～30毫升，加水20～30千克均匀喷雾。

（4）仲丁灵：为二硝基苯胺类农药，是选择性芽前土壤处理除草剂。它的作用和氟乐灵相似，当药剂进入植物体后就会开始抑制分生组织细胞分裂，从而使杂草幼芽及幼根不能进行生长。该药剂适合防除稗、牛筋草、马唐、狗尾草等1年生单子叶杂草及部分双子叶杂草，对菟丝子防除效果较好。大风天或预计4小时内降雨时，请勿施药。每个作物周期最多使用1次，注意喷雾均匀。除草剂对已出苗杂草无效，用药前应先拔除已出苗杂草。遇天气干旱时，应适当增加土壤湿度，灌水后再施药以充分发挥药效。避免在地表温度低于10℃的情况下施药，否则可能会降低药效。辣椒田在播种前或移栽前进行土壤处理，每亩可以使用48%乳油150～250毫升兑水均匀喷淋地表，混土后进行移栽。

（5）二甲戊灵：属于苯胺类除草剂，是一种触杀型土壤封闭除草剂，可防除一年生禾本科杂草、部分阔叶杂草和莎草，如稗、马唐、狗尾草、千金子、牛筋草、马齿苋、苋、藜、碎米莎草、异型莎草等。对禾本科杂草的防除效果优于阔叶杂草，对多年生杂草效果差。土壤有机质含量低、砂壤土、低洼地等用低剂量，土壤有机质含量高、黏质土、气候干旱、土壤含水量低等用高剂量。土壤墒情不足或干旱气候条件下，用药后需混土3～5厘米。在土壤中的吸附性强，不会被淋溶到土壤深层，施药后遇雨可以提高除草效果。辣椒对该药比较敏感，通常在移栽前施药，移栽时尽量减少对土壤封闭药层的破坏。防治辣椒田杂草时，每亩用33%二甲戊灵乳油100～150毫升，兑水15～20千克，移栽前1～2天表土喷雾。

（6）异丙甲草胺：是酰胺类选择性芽前土壤处理除草剂，主要防除稗、马唐、牛筋草、狗尾草、画眉草等一年生禾本科杂草，兼治苋、马齿苋、荠菜等部分小粒种子阔叶杂草和碎米莎草，对多年生杂草和多数阔叶杂草防效较差。持效期30～35天，施药后10～12周活性自然消失。单子叶禾本科杂草主要通过芽鞘吸收，双子叶杂草通过幼芽和幼根吸收，向上传导，抑制幼芽和细根的生长，敏感杂草在发芽后出土前或刚刚出土即中毒死亡。禾本科杂草吸收能力比阔叶杂草强。移栽前3～5天施药为宜，直播田播后1～2天出苗前用药。药效易受气温和土壤肥力条件的影响。辣椒田直播前施药，用72%异丙甲草胺乳油100～150毫升，均匀处理畦面，施药后浅混土。辣椒移栽前或铺地膜前用72%异丙甲草胺乳油100毫升，均匀处理畦面后，栽苗或铺地膜栽苗。

5. 常用生长调节剂及使用方法

（1）赤霉酸：是一种高效广谱性植物生长促进调节剂，具有促进种子发芽和植物生长，提早开花结果，提高果实的结实率或形成无籽果实等作用，可解除多效唑、矮壮素、乙烯和防落素等药害。不能与碱性物质混用，易中和失效，但可与酸性、中性化肥、农药混用，与尿素混用增产效果更好。易分解，不宜久放，应现配现用。肥水供应充分才能发挥良好的效果，不能代替肥料。在辣椒种子发芽时，使用50～100毫克/千克的赤霉酸药液进行处理，能打破休眠，促进发芽。辣椒开花期，用20～40毫克/千克赤霉酸药液喷洒辣椒花朵1～2次，可以防止辣椒花、果脱落，提高坐果率，增产。

（2）萘乙酸：是一种广谱性生长素类植物生长调节剂，在低浓度时能刺激植物生长，防止落花、落果等，高浓度时可抑制植物生长。主要是促进辣椒植株生根，防止辣椒旺长、落花。最适宜在开花期使用，能减少辣椒落花，明显提高结果率，促进辣椒果实生长，增加果数和果重，可使总产量增加20%左右，还可减轻病毒病等病害，延长结果期，增强抗病和抗逆性。萘乙酸钠是萘乙酸的强碱弱酸钠盐，萘乙酸钠水剂与其他物质复配时，因为萘乙酸钠偏碱性，所以应避免和酸性药剂及肥料直接混合，需经过酸碱调和后再加入，复配时还要适当降低使用浓度，以免产生药害。在辣椒开花期用40～50毫克/千克萘乙酸溶液喷花，防止辣椒落花、落果。辣椒长势不好或根部损伤时，将萘乙酸稀释成3 000～5 000倍液灌根，有利于辣椒发新根，促进生长，增强长势。用40毫克/千克的萘乙酸（当转变剂用）+助壮素750倍液，制成混合药液喷施枝叶，可以很好地解决旺长不结果的问题。

（3）芸薹素：又称芸薹素内酯，属于活性很强的生长调节剂。是一种新型植物内源激素，是公认的高效、广谱、无毒植物生长调节剂，渗透性强、内吸快，在很低的浓度下，即能显著地加速植物的营养体生长，促进受精作用。能有效提高光合作用效率，促根壮苗，保花保果，提高作物的抗寒、抗旱、抗盐碱等抗逆性，显著减少病害的发生，并能显著缓解药害的发生，使植株快速恢复生长，并能消除病斑。使用芸薹素温度一定要在10℃以上。冬季用于预防冻害，一定要在低温来临前5～7天，温度10℃以上时使用。不要与除草剂混用，芸薹素与除草剂的功能相反，除草剂中添加芸薹素内酯不会发生药害，但是也起不到增效作用。在辣椒苗期、开花期、结果期每半个月喷洒1次，可促进辣椒生长，开花结果期提前，提高结果率，提高辣椒品质，还能延缓植株衰老，延长结果期，可使产量增加10%以上，还对花叶病毒病有防治效果。但是芸薹素不具备营养功能，不单独使用，且芸薹素内酯与植物体内多种激素有关联，因此使用时必须严格规范使用浓度和剂量。在辣椒挂果初期，用5克0.1%芸薹素兑水30千克，均匀喷施辣椒植株，能够防止门椒、对椒等的花柄变黄脱落，促进辣椒花蕾的发育，让辣椒早现蕾，提高辣椒的坐果率。防治辣椒病毒病，可以用5克芸薹素加上防治病毒的药剂，兑水30千克，每隔10天左右喷施1次，连喷2～3次。辣椒结果后期，每亩选用10毫升0.01%的芸薹素、30千克水和200克尿素均匀混合后喷施，能延长采收周期，达到增产目的。

（4）多效唑：是一种三唑类植物生长调节剂，广谱性生长延缓剂，具有明显削弱植物顶端优势，调节形态分化，促进侧芽萌发，促进花芽形成，提高坐花率，增强抗逆性等作用。使用注意事项：①用量太大会抑制作物生长，要严格控制用量及使用次数。②在土壤中残留时间长，施药田块在收获后，必须经过翻耕，减少对后茬作物生长的影响。③使用浓度和用量与处理时的温度有关。温度高时，多效唑的浓度稍高，用量稍大；温度低时，多效唑的浓度也低，用量减少。

这与一般生长激素的使用方法是相反的。④使用时能与芸薹素、赤霉酸等混用，存在拮抗作用，但可以搭配磷酸二氢钾等叶面肥用。⑤多效唑药害较轻时，建议用芸薹素、赤霉酸搭配氨基酸肥料喷施，每次间隔7天，连用2次，能有效缓解药害。辣椒幼苗出现旺长时，在幼苗3~4叶期喷施15%多效唑可湿性粉剂750~1 000倍液，能明显减少出现“高脚苗”的概率。

三、物理防治措施

1. 防治原则

应用病虫对光、热、射线、颜色、高频电流、超声波等物理因素的特殊反应及机械设备或工具等技术进行病虫害防治。

2. 防治措施

（1）利用害虫的趋色性，借助粘虫胶粘住害虫，进行防治。使用蓝色和黄色粘虫板对蚜虫、粉虱、斑潜蝇、蓟马等害虫进行诱杀。一般每亩安装20~25片（规格20厘米×25厘米），高度以离辣椒顶部10~15厘米为宜。在露地环境下，使用木棍或竹片固定诱虫板，东西向安插，大棚或温室内用铁丝或绳子垂直悬挂诱虫板。银灰色反光膜对蚜虫有避忌作用，可用银灰色塑料薄膜进行地膜覆盖栽培。

（2）利用害虫的趋光性或在灯外配以高压电网杀虫，如用黑光灯、频振式杀虫灯、高压汞灯等诱杀棉铃虫、烟青虫、斜纹夜蛾成虫。辣椒苗移栽后，每亩放置频振式杀虫灯2盏，进行害虫诱杀和害虫数量的监控。

（3）在害虫产卵盛期每亩撒施草木灰20千克，重点撒在嫩尖、嫩叶、花蕾上，可减少害虫卵量。

（4）采用性诱剂诱杀斜纹夜蛾成虫，诱虫器进虫口高于地面1.2~1.5米。采用糖醋液诱虫瓶诱杀斜纹夜蛾及鳞翅目和鞘翅目其他害虫的成虫，傍晚放在田间，距地面高1米，第二天早上收回或加盖。

（5）安装防虫网。在保护地的通风口和门窗处设置30~60目的防虫网，将风口、出入口完全覆盖，不仅可以隔离甜菜夜蛾、烟青虫、棉铃虫等大型害虫的成虫，而且对粉虱、斑潜蝇和蚜虫等小型害虫的成虫也有较好的隔离作用。

四、生物防治措施

1. 防治原则

保护利用天敌，优先选用生物农药。

2. 防治措施

（1）利用天敌进行害虫防治：可在害虫少量发生时，释放天敌防治害虫。防治蚜虫可选天敌有异色瓢虫和东亚小花蝽等，防治粉虱可选丽蚜小蜂和烟盲蝽等，防治叶螨可选智利小植绥螨和加州新小绥螨等，防治蓟马可选东亚小花蝽、斯氏钝绥螨和胡瓜新小绥螨等。天敌释放量应视情况而定，当害虫点片发生时，可在中心为害区域提高天敌释放量，有利于提升防效。

（2）利用生物药剂进行防治：绿僵菌可防治辣椒小地老虎、烟青虫等鳞翅目害虫，白僵菌可防治辣椒蚜虫，印楝素可防治辣椒蚜虫、粉虱、烟青虫等，鱼藤酮可防治辣椒蚜虫、粉虱、蓟马、斜纹夜蛾、棉铃虫等，除虫菊素可防治辣椒烟青虫，苦参碱可防治辣椒蚜虫、白粉虱等害虫。

五、种子常见消毒处理方法

1. 物理消毒

（1）晒种：播种前将种子平铺在簸箕或竹席上暴晒1～2天，其间经常翻动种子，对增强种子活力，提高发芽率、发芽势，加速发芽和出苗有显著效果，还能有效杀灭种子表面和部分潜伏在种子内部的病原菌。晒种时不可直接铺在水泥地上，防止烧种。

（2）温汤浸种：热水浸种前，先将种子放在常温清水中浸15分钟，可减少烫种时对种子发芽的影响，并可促使种子上的病原菌萌动，将其烫死，然后将种子投入55～60℃的热水中烫15分钟，水量为种子体积的5～6倍。烫种过程中要及时补充热水，不断搅拌使种子受热均匀，直至水温降到30℃左右时才可停止搅拌；也可在达到烫种时间后，将种子转入30℃的温水中继续浸泡4小时。处理时要将温度计一直插在热水中测定水温，以便随时按要求调节温度。种子量较少时，可先将种子装在纱布袋中，浸入水中烫种，达到规定的时间后再迅速将种子转入30℃的温水中继续浸泡。该法可防治辣椒早疫病和灰霉病等病害。

2. 化学消毒

采用药水浸种时，应严格掌握药水的浓度和浸种时间。种子浸入药水前，要用温水先预浸4～5小时，药剂浸种后要多次用清水冲洗。

（1）高锰酸钾消毒：将种子放入50℃的热水中浸泡25～30分钟，捞出后放入1%的高锰酸钾溶液中（温度约为24℃）浸泡15～20分钟，然后用清水冲洗干净。此法可防治枯萎病、立枯病和炭疽病等病害。

（2）链霉素液消毒：用1 000毫克/千克的农用链霉素液浸种30分钟，再用清水清洗干净。该法对防治疮痂病、青枯病效果较好。

（3）磷酸三钠消毒：将已用清水浸泡过的种子，用10%磷酸三钠水溶液或2%氢氧化钠溶液浸泡20～30分钟，浸后用清水冲洗干净。该法对防治病毒病效果较好。

（4）硫酸铜浸种：先将种子用清水浸泡4～5小时，再用1%硫酸铜溶液浸泡5分钟，用清水冲洗或用1%生石灰浸一下种子中和酸性，或阴干后拌少量熟石灰粉或草木灰中和酸性。该法对防治炭疽病和疮痂病的效果较好。

（5）升汞水消毒：将在清水中浸泡过4～5小时的种子，用0.1%升汞水消毒5分钟，取出种子后用清水冲洗干净，再催芽、播种或晾干备用。该法对防治疮痂病效果较好。

（6）甲醛消毒：用40%甲醛溶液300倍液浸种30分钟，捞出洗净，晾干后播种。该法可防治枯萎病和炭疽病。

六、辣椒常见症状的综合诊断

1. 落花、落果

（1）发生原因：造成辣椒落花、落果的原因很多，有生理方面的也有病理方面的，主要为营养生长过盛、不利的气候条件和病虫为害。

①品种选择不适宜。我国辣椒品种繁多，各品种特征相对差异较大，因此选种不适宜品种会出现各种不同的反应，包括会出现落花不结果现象。

②温度管理不当。播种过早或反季节栽培时，辣椒生长期间温度得不到满足，尤其是地温低于18℃，根系的生理机能下降，8℃时根系停止生长，使植株处于不死不活的状态，气温低于15℃，虽然能够开花，但花药不能散粉，长期处于低温状态，易发生落花、落果，甚至落叶的“三落”现象。

③田间湿度不当。在辣椒生长期间遇有较长时间的连续阴雨天气，光照不足或相对湿度低于70%，营养过剩或生殖生长失调，植株徒长，水分过多或不足均可导致落花、落蕾和落果。

④土壤肥力不足。土壤中缺磷、缺硼或秧苗素质差，管理跟不上，致定植后不能早缓快发，进入高温季节枝叶未长起来，封不上垄，再加上辣椒根系浅，主要分布在5～15厘米表土层中，地温升高容易受到伤害，引起开花不结实，或落花、落蕾。

⑤喷药量过大。很多农户经常选择上午喷药，且习惯用粗喷头喷施。辣椒开花量大，大量白花出现时，若从下往上喷药，水量过大的喷头会直接将水喷到花心里，导致花粉直接被水喷裂、喷死，最后柱头受伤，授粉不良，造成落花、落果。

⑥采摘不及时。在辣椒生产高峰期，不及时采摘，会产生坠秧现象，导致上部花果营养不良，脱落。

⑦病虫为害。病虫害如疮痂病、细菌性叶斑病、炭疽病、病毒病、烟青虫、茶黄螨，为害严重时容易导致落花。

（2）防控措施：要综合运用底肥，适量浇水，注重养根和中微量元素的使用，适当整枝打杈，控制温度，防止辣椒“三落”情况的发生。

①合理施肥保根。在冲施肥料时一定要注意保护好辣椒根系。冲施底肥的过程中，除注重施用粪肥和大量元素肥外，还要注重使用菌肥和中微量元素肥，如铁、锰、铜、锌、硼、钼等微肥。

②适时适量浇水。连续雨雪天来临之前不可浇水，否则会造成连续雨雪天期间地温低，土壤水分大，导致不透气，或透气性差，从而出现沤根烂根等现象，花果全部掉落。中午高温时段不可浇水，辣椒根系敏感，中午气温高、地温也高，而井水温度低，一旦中午浇井水，根系受到刺激，不但吸收不了水肥，反而会脱肥，导致大量落花、落果。不可浇空水，辣椒根系虽然弱，但也需要很多营养养护，冬季种植时，尤其是开花结果期，不可浇空水，一旦浇空水，辣椒的花就会授粉不良，导致落花、落果。冬季种植辣椒时，最好早晨浇水，这时地温低，水温一般在9～11℃，二者温差小，不容易对根系造成伤害；同时晴天上午温度高，地温恢复升高快，有利于辣椒根系对水肥的吸收，促进保花保果。

③及时摘果、整枝。随着辣椒植株生长，长势弱的植株要及时摘除门椒。挂椒量加大时要及时采摘果实，以免出现坠秧，导致上部的花果难以坐住。打叶整枝不可过度，不可把内膛枝和辣椒下面的叶片全部打掉，如打枝过度，造成光合作用面积过小，影响营养物质转化。前期最好不要过度打叶，只需要打掉老叶、黄叶、病叶即可。

④温度控制。辣椒进入开花坐果期后，上午温度应控制在27～28℃，不可超过 30℃。因为上午是开花时间，一旦温度高于30℃，花粉寿命缩短，授粉不良易出现落花、落果；等中午辣椒完成授粉，温度可以提高到28～30℃，但也不要超过30℃；中午到下午3时之间提高棚温2～3℃，保证午前授粉，中午膨果，营造良好的生长态势，让花果根秧同时正常生长。

⑤合理喷药。喷药时尽量选择细喷头，避免使用粗喷头；或者清早打药，或在下午2时后温度26℃左右时喷药，保证放帘前药液能干就

行，最好避开9~11时开花授粉时段。

⑥补充光照。如果遇到连阴天，光照不足，可以利用补光灯补光。根据天气预报于连阴天到来前2天，叶面补充糖和氨基酸，防止连阴天期间植株“饥饿”，导致授粉不良，出现落花、落果。

⑦病害防治。炭疽病也可引发辣椒大量落叶，可选用抗病性强的辣椒品种，采取轮作栽培，种植前进行种子消毒（用0.2%高锰酸钾溶液浸泡20分钟），加强田间管理。

2. 卷叶

（1）发生原因：在辣椒生产中，卷叶是最常见的症状。引起辣椒卷叶的原因有生理性卷叶，也有病虫害引起的卷叶等，只有正确辨别原因，才能正确进行防治。

①干旱引起的卷叶。表现症状为辣椒叶片纵向上卷，叶片出现不同程度的变厚、变脆或变硬。主要是由于土壤或空气比较干燥，导致辣椒生长过程中无法吸收养分，出现卷叶。

②缺素症引起的卷叶。辣椒在缺锌、钙、硼、锰元素时会出现卷叶症状。

③高温、强光照引起的卷叶。夏天辣椒生长过程中温度比较高，中午可达到40℃，植株失水加快容易出现卷叶的情况。强光照也会引起叶片失水发生卷曲。

④病虫害引起的辣椒卷叶。病虫为害如病毒病、茶黄螨、蚜虫、红蜘蛛等，为害严重时容易引起辣椒卷叶。

⑤药害、肥害引起的卷叶。辣椒叶面喷施的农药或肥料浓度过高，或喷洒时间正好在高温期，也容易引起辣椒叶片卷曲。

（2）防控措施：防治卷叶发生的措施主要有以下几方面。

①加强水分管理，尽量避免忽干忽湿的水分管理，要适当浇水，尽可能地采取小水勤浇，浇完水观察叶子的长势是否有好转，没有好转的话，要找其他原因采取相应的防治措施。

②及时对症喷施相应的微肥，建议喷施相对较好的螯合态微肥，辣椒吸收快，症状缓解比较明显。

③在辣椒种植区域加盖遮阳网，避免太阳光直射引起辣椒卷叶。

④病毒病在高温干旱条件下容易发病，可以改变环境条件，尽量避免出现高温干旱的环境条件。病毒病发生后，最好在发病初期及时用药防治，可喷施20%病毒A，或0.5%香菇多糖水剂150~200毫升/亩，或1.5%植病灵乳油800倍液，每隔7天喷1次，连喷3～4次。防治茶黄螨时，在叶背面喷施15%哒螨灵乳油3 000倍液，或20%三氯杀螨醇乳油800倍液，或15%扫螨净乳油1 500倍液，重点喷洒植株上部的幼嫩部位，每隔7天喷1次，连喷2～3次。防治蚜虫可叶面喷2.5%天王星，或50%抗蚜威2 000倍液。

⑤针对药害、肥害引起的严重卷叶，要及时喷水3次左右淋洗叶片的药液，同时浇大量水稀释土壤中的药液、肥液；如果不是很严重，可适时喷施微量元素，提高辣椒的抗性。喷施药剂时一定要严格按照使用说明书配置浓度，喷药时要避开强光照的中午。

3. 死棵

辣椒死棵病是造成辣椒植株死亡的几种病害的总称，也是近年来影响辣椒生产的重要病害。该病在辣椒苗期、成株期均可发生，茎、叶、果都可染病，具有发病急、为害重、损失大的特点。由于连作等原因，近年来许多辣椒主产区死棵严重，轻者减产20%～30%，重者绝收，直接影响了辣椒高产，防治死棵病已成为当前辣椒生产中的重要技术环节。

（1）发生原因：造成辣椒死棵的原因很多，主要有以下几种。

①重茬栽培是造成辣椒死棵最重要的原因之一，重茬栽培使土壤中病原菌基数增多，尤其是大棚相对固定和连年重茬种植，使土壤酸化、碱化、盐渍化程度越来越高，土壤中病残体数量逐年增多，病原菌不断增加，加上大棚高温高湿的环境条件又适宜病害发生，病菌易从根部或茎部伤口侵入植株后繁殖为害，在适宜的条件下传播蔓延，造成大面积死棵。

②种子带菌是病害传播的主要途径，也是发病的初传染源。

③育苗和定植方式不当给病害发生创造了有利条件。

④灌溉不合理。大水漫灌或灌水次数多等不合理灌溉，给病害发生创造了有利条件，辣椒发病明显，死棵严重。

⑤在农事操作中感染病菌。在辣椒整个生长期内，由于管理不当或浇水、施肥、整枝、打杈等农事操作造成伤口被病菌感染，导致发病死棵。

⑥病害。病害造成的死棵在苗期和定植初期主要有猝倒病、立枯病、疫病和茎基腐病，在成株期主要有疫病、根腐病、青枯病、枯萎病和菌核病等。

（2）防控措施：防治辣椒发生死棵的措施主要有以下几方面。

①选择抗病品种。合理选择抗病品种，尽量选用兼抗品种，调整作物布局，避免单一品种长期连片种植。

②处理种子。在播种前，要进行种子处理，控制病菌的传播。一般用55～60℃热水浸种，浸种时间15分钟，浸种时应连续搅拌，使种子受热均匀。

③加强田间管理。及时清洁田园，深翻土壤，轮作换茬。设施大棚播种前采用高温闷棚、大水闷灌或用生石灰等方式进行土壤消毒。增施腐熟有机肥，改善土壤结构性能，实行配方施肥，不偏施、重施氮肥，辅以生物肥及腐殖酸等，及时补施叶面肥、农家肥，保证辣椒营养全面、均衡，促进辣椒的健壮生长，提高自身抗病、抗逆能力。采用高垄栽培，合理密植，增加植株间的通风透光性，注意排水，控制灌溉，降低土壤和空气湿度，采用滴灌、膜下暗灌技术，忌大水漫灌和阴天浇水等。

④化学防治。播种前每亩撒施50%多菌灵可湿性粉剂2～3千克或乙膦铝锰锌1～2千克。定植时可将苯菌灵或甲基托布津或乙膦铝锰锌等药剂与土壤按1∶10比例混合均匀后进行穴施。发现病株后，不可立即浇水，否则将加速病害的发展，施药时要灌根与喷雾相结合，喷雾时，叶、果、根茎部要喷淋周到，切记不能漏喷。辣椒疫病在发病初期喷施64%噁霜·锰锌可湿性粉剂500倍液或70%乙膦·锰锌可湿性粉剂500倍液防治，每隔5～7天喷1次，连喷2～3次。根腐病可用50%多菌灵可湿性粉剂600倍液或50%甲霜灵·锰锌可湿性粉剂600倍液或80%多·福·锌可湿性粉剂500倍液灌根，每次每株灌0.5千克，每隔7天灌1次，连续灌3～4次。青枯病可用绿乳铜600倍液灌根，每次每株灌0.5千克，每隔7天灌1次，连续灌3～4次。

附录　常用农药中文通用名和商品名对照表

附表1　杀虫杀螨剂

通用名	其他名称或商品名
阿维·联苯菊	阿维菌素·联苯菊酯
阿维·印楝素	阿维菌素·印楝素
阿维菌素	爱福丁、阿维虫清、虫螨光、齐螨素、虫螨克、灭虫灵、螨虫素、虫螨齐克、虫克星、灭虫清、害极灭、7051杀虫素、阿弗菌素、阿维兰素、爱螨力克、阿巴丁、灭虫丁、赛福丁、杀虫丁、阿巴菌素、齐墩螨素、齐墩霉素、阿佛米丁、阿佛曼菌素、爱力螨克、爱比菌素、爱立螨克、除虫菌素、杀虫菌素、揭阳霉素
倍硫磷	芬杀松、番硫磷、百治屠、拜太斯、倍太克斯
苯丁锡	螨完锡、克螨锡、杀螨锡、托尔克、芬布锡
吡丙醚	蚊蝇醚、灭幼宝
吡虫啉	蚜虱净、一遍净、大功臣、咪蚜胺、艾美乐、一扫净、灭虫净、扑虱蚜、灭虫精、比丹、高巧、盖达胺、康福多、江灵、庄爱、赛喜、真劳动、万敌地能、当红、齐心、定能、蚜虱一次净、一泡净、宏瑞、众打、申农、庄爱、利虫净、野田一壶水、够谁、见欢、兰秀、痛打、战火
吡蚜酮	吡嗪酮、飞电
丙溴磷	菜乐康、布飞松、多虫磷、溴氯磷、克捕灵、克捕赛、库龙、速灭抗
虫螨腈	除尽、溴虫腈、氟唑虫清、咯虫尽、吡咯胺
虫酰肼	米满、特虫肼
除虫脲	灭幼脲1号、伏虫脲、二福隆、斯代克、斯盖特、氟脲杀、二氟脲、敌灭灵
哒螨灵	哒螨酮、扫螨净、速螨酮、哒螨净、螨必死、螨净、灭螨灵

续表

通用名	其他名称或商品名
哒嗪硫磷	杀虫净、必芬松、哒净松、打杀磷、苯哒磷、哒净硫磷、苯哒嗪硫磷
丁醚脲	杀螨隆、宝路
啶虫脒	吡虫清、比虫清、乙虫脒、力杀死、蚜克净、莫比朗、鼎克、NI-25、毕达、乐百农、绿园、楠宝、搬蚜、喷平、蚜跑、津丰、顽击、蓝喜、响亮、锐高1号、蓝旺、全刺、千锤、庄喜、万鑫、刺心、领驭、蒙托亚、爱打、高贵、淀猛、胜券
多杀霉素	菜喜、催杀、多杀菌素、刺糖菌素
二嗪磷	二嗪农、地亚农、大利松、大亚仙农
氟丙菊酯	氟酯菊酯、杀螨菊酯、罗素发、罗速发
氟虫腈	锐劲特
氟虫脲	卡死克
氟啶脲	抑太保、定虫隆、定虫脲、克福隆、IKI7899
氟铃脲	盖虫散
氟氯氰菊酯	百树得、百树菊酯、百治菊酯、氟氯氰醚菊酯、氟氯氰醚酯、杀飞克、拜虫杀、拜高、赛扶宁
高效氯氰菊酯	戊酸氰醚酯、虫必除、百虫宁、保绿康、克多邦、绿邦、顺天宝、农得富、绿林、好防星、高保、赛得、绿丹、田大宝、高露宝、奇力灵、绿青兰、高灭灵、三敌粉、无敌粉、卫害净
混灭威	灭除威、灭杀威
甲氨基阿维菌素苯甲酸盐	甲氨基阿维菌素、埃玛菌素、甲维盐、野田祝福、甲威虫敌、华戎二号、钱江妙乐、万庆、凯强、爱诺卫赢、饿死虫、扶植、菜乃馨、旺尔、绿萌、三令、京博灵驭、点将、强捕、索能、奥翔、外尔凯欧、尊魁、禾悦、上顶、定康、顶端、世扬、云除、欢杀
甲萘威	西维因、胺甲萘
甲氰菊酯	灭扫利、杀螨菊酯、灭虫螨、芬普宁
甲氧虫酰肼	雷通、美满

续表

通用名	其他名称或商品名
抗蚜威	辟蚜雾、灭定威、比加普、麦丰得、蚜宁、望俘蚜
喹硫磷	喹恶磷、喹恶硫磷、爱卡士
联苯菊酯	天王星、虫螨灵、三氟氯甲菊酯、氟氯菊酯、毕芬宁、护赛宁
硫黄	硫黄粉、硫、胶体硫、硫黄块
高效氯氟氰菊酯	爱克宁、功夫、功夫菊酯、功夫三氟氯氰菊酯、三氟氯氰菊酯、空手道、赛洛宁、贵功
氯菊酯	二氯苯醚菊酯、苄氯菊酯、除虫精、克死命、百灭宁、百灭灵
氯氰菊酯	安绿宝、赛灭灵、赛灭丁、桑米灵、博杀特、绿氰全、灭百可、兴棉宝、阿锐可、韩乐宝、克虫威、赛波凯、格达、奥思它、阿锐可、保尔青、轰敌、腈二氯苯醚菊酯
灭蝇胺	环丙氨腈、蝇得净、环丙胺嗪、赛诺吗嗪、潜克、灭蝇宝、谋道、潜闪、川生、驱蝇、网蛆
灭幼脲	苏脲1号、灭幼脲3号、灭幼脲Ⅲ号、一氯苯隆
氰戊菊酯	速灭杀丁、杀灭菊酯、中西杀灭菊酯
炔螨特	克螨特、丙炔螨特、灭螨净
噻虫嗪	阿克泰
噻螨酮	尼索朗、除螨威、合赛多、已噻唑
噻嗪酮	扑虱灵、优乐得、灭幼酮、亚乐得、布芬净、稻虱灵、稻虱净
三唑锡	倍尔霸、三唑环锡、灭螨锡、亚环锡
杀铃脲	杀虫脲、杀虫隆、氟幼灵
杀螺胺	百螺杀、贝螺杀、氯螺消
杀螟丹	巴丹、派丹、卡塔普、粮丹、乐丹、天荼、农省星、螟奄、兴旺、稻宏远、卡泰丹、云力、双诛、巧予、盾清
双甲脒	螨克、果螨杀、杀伐螨、三亚螨、胺三氮螨、双虫脒、双二甲脒
顺式氯氰菊酯	高效灭百可、高效安绿宝、高顺氯氰菊酯、甲体氯氰菊酯、百事达、快杀敌、奋斗呐、奥灵

续表

通用名	其他名称或商品名
四氟苯菊酯	四氟菊酯、拜奥灵
四聚乙醛	密达、蜗牛散、蜗牛敌、多聚乙醛、灭旱螺、蜗火星、梅塔、灭蜗灵
四螨嗪	螨死净、阿波罗
苏云金杆菌	BT、Bt、苏力菌、灭蛾灵、先得力、先得利、先力、杀虫菌1号、敌宝、力宝、康多惠、快来顺、包杀敌、菌杀敌、都来施、苏得利、苏力精、苏利菌
戊菊酯	多虫畏、杀虫菊酯、中西除虫菊酯、中西菊酯、戊酸醚酯、戊醚菊酯、S-5439
辛硫磷	肟硫磷、倍腈松、腈肟磷
溴氰菊酯	敌杀死、凯素灵、凯安保、第灭宁、敌卞菊酯、氰苯菊酯、克敌、增效百虫灵
异丙威	灭必虱、灭扑威、异灭威、灭扑散、叶蝉散、MIPC
抑食肼	虫死净
仲丁威	甲基氨基甲酸邻仲丁基丙酯、扑杀威、丁苯威、卡比马唑、BPMC、巴沙
唑螨酯	霸螨灵、杀螨王
灭多威	快灵、灭虫快、灭多虫、纳乃得、万灵、乙肟威、灭索威

附表2　杀菌剂

通用名	其他名称或商品名
百菌清	四氯间苯二腈、四氯异苯腈、达科宁、打克尼太、大克灵、克劳优、霉必清、桑瓦特、顺天星1号、珍达宁圣克、百慧、大治、霜可宁、泰顺、多清、朗洁、殷实、掘金、谱菌特、绿震、熏杀净、好夫、百庆、冬收、猛奥、霜霉清、益力、棚霜一熏清
拌种双	拌种灵·福美双

续表

通用名	其他名称或商品名
苯菌灵	苯来特
丙环唑	敌力脱
春雷霉素	春日霉素、加收米、嘉赐霉素
代森铵	阿巴姆、铵乃浦
代森锰锌	新万生、大生、大生富、喷克、大丰、山德生、速克净、百乐、锌锰乃浦、百利安、新锰生、立克清、太盛、爱富森、易宁、椒利得、剪疫、大生M-45
代森锌	新蓝粉蓝克、蓝博、夺菌命、惠乃滋
敌磺钠	敌克松、地克松、地可松、地爽、的可松
多·硫	多菌灵·硫黄、灭病威
多菌灵	苯胼咪唑44号、苯并咪唑44号、棉萎灵、棉萎丹、贝芬替、枯萎立克、菌立安、防霉宝、允收丁、凯江、富生、果沉沉、绿海、旺宁、冠灵、茗品、银多、旺品、统旺、佳典、进义、八斗、凯森
多抗霉素	多氧霉素、多效霉素、保利霉素、科生霉素、宝丽安、兴农606、灭腐灵、多克菌
噁霉灵	恶霉灵、土菌消、抑霉灵、立枯灵
氟硅唑	福星、农星、杜邦新星、克菌星、护列得
氟吗啉	灭克
锰锌·氟吗啉	施得益、双工牌福玛
福美双	秋兰姆、赛欧散、阿锐生、多宝、炭腐菌清、诺克、贵果、平菌、双刺、思源、根病灵、欣美、卡福、罗斯、红康、双思农、更高、普保、好帅、腐佳、环发、共好、尹卡申、桂冠、刀绞兵、星彩、安喜、剔霉、金纳海
腐霉利	速克灵、扑灭宁、二甲菌核利、杀霉利、黑灰净、必克灵、消霉灵、扫霉特、福烟、克霉宁、灰霉灭、灰霉星、胜得灵、天达腐霉利、棚丰、灰核一熏净、棚达、禾益一号、熏克、熏得利

续表

通用名	其他名称或商品名
琥铜·乙膦铝	琥胶肥酸铜·乙膦铝、百菌通、琥乙膦铝、羧酸磷铜、DTM、DTNZ
春雷·王铜	加瑞农
甲基立枯磷	利克菌、立枯磷、利枯磷
甲霜·锰锌	甲霜灵·锰锌、雷多米尔·锰锌、瑞毒霉·锰锌
甲霜灵	甲霜安、瑞毒霉、瑞毒霜、灭达乐、阿普隆、雷多米尔
碱式硫酸铜	波尔多、三碱基硫酸铜、三元硫酸铜、高铜、绿保得、铜高尚、中诺、绿信、远达、蓝胜、得宝、梨参宝、科迪、杀菌特、天波
井冈霉素	有效霉素
菌核净	纹枯利、纹枯灵
嘧啶核苷类抗生素	抗霉菌素120、120农用抗生素、农抗120
克菌丹	盖普丹
联苯三唑醇	双苯三唑醇、双苯唑菌醇、灭菌醇、克菌特
甲基硫菌灵	甲基托布津、红日杀菌剂、甲基土布散、甲托、福田
络氨铜	硫酸四氨络合铜、硫酸甲氨络合铜、胶氨铜、消病灵、瑞枯霉、增效抗枯霉
嘧菌酯	阿米西达、安灭达
嘧霉胺	灰霉速净、灰霉佳、施佳乐、施灰乐、丹荣、断灰、灰雄、美灿、灰闲、博荣、灰动、瓜宝
宁南霉素	菌克毒克
氢氧化钙	石灰、熟石灰
氢氧化铜	丰护安、根灵、可杀得、克杀得、冠菌铜、冠菌清、巴克丁、冠菌乐、菌标、妙刺菌、库珀宝、菌服输、杀菌得、细星、禾腾、细高、瑞扑、泉程、菌盾、欧力喜、润博胜、蓝润、橘灿、绿澳铜

续表

通用名	其他名称或商品名
噻菌灵	特克多、涕必灵、硫苯唑、霉得克、保唑霉
噻菌铜	龙克菌
三乙膦酸铝	乙磷铝、三乙磷酸铝、乙膦铝、疫霉灵、疫霜灵、霜疫灵、霜霉灵、克霜灵、霉菌灵、霜疫净、磷酸乙酯铝、藻菌磷、三乙基磷酸铝、霜霉净、疫霉净、福赛特、霜尔欣、霜安、财富、达克佳、绿杰、蓝博、创丰、斩菌手、百菌消、果施泰
三唑酮	粉锈宁、百理通、百菌酮、百里通、麦病宝、后保、扑宁、麦翠、万坦、剑清、菌克灵、科西粉、春收、国光必治、植保宁、农盾
石硫合剂	菌根、果镖、达克快宁、奇茂、基得、果园清、宇农、园百士、井田冬巴、园福、奔流
霜霉威	普力克、霜霉威盐酸盐、丙酰胺、免劳露、霜敏、扑霉特、再生、菜霉双达、霜灵
霜脲·锰锌	霜脲氰·代森锰锌、霜脲氰·锰锌、克霜氰、克露、克抗灵、锌锰克绝、霜露、霉通、霜惊、蔬奈克、惠翠、战霜、霜霉敌、奔路、散露、霜洗、托那多、霜愁、走红、铲霉、振农
霜脲氰	清菌脲、菌疫清、克露
松脂酸铜	绿乳铜
王铜	碱式氯化铜、氧氯化铜、菌物克、伊福、禾益万克、禾益帅康、喜硕、果见亮、富村、扎势、兰席
烯酰吗啉	安克
烯酰·锰锌	烯酰吗啉·锰锌、安克·锰锌、安克锰锌、爱诺易得施、比俏、安涛、园星、质高、翠冠、高佳、恒倩、安森、旺克、霉特克
溴菌腈	休菌清、炭特灵、细菌必克
氧化亚铜	靠山、铜大师、大帮助、氧化低铜

续表

通用名	其他名称或商品名
乙铝·锰锌	斩霉、乙生、有生、66秀、确保、名露、稼祥、霜远、锐、霜掉、霜动、霜停、劲宝、巧得、大爽、瓜玉、农歌、隆歌、快愈、帅艳、纯净、千诺、奇森、智慧、世欢、欢喜、众泰、宇丰、邦果、瑞克、菌走、果施安、菌杀宝、菌克净、菌净清、菜霉清、唯克清、霜利克、霜疫克、大越克、肃清灵、冠霉灵、新农灵、植霉歼、一剪霉、霉奇洁、奥霜奇、淘渍斑、绿含笑、扑瑞卓、桂荔安、葡菌净、绿普安、金泰生、施保康、科莱了、菜儿倍丰、外尔大保、野田一清、双星疫宝、霜霉疫净灵、碳轮烂果宁
乙霉威	万霉灵、抑菌灵、保灭灵、抑菌威
异菌脲	扑海因、桑迪恩、依普同、异菌咪、咪唑霉、扑疫佳、统秀、抑菌星、爱因思、疫加米、秀安、施疫安、普康、抑菌鲜、普因、大扑因、灰泰、妙锐、响彻、胜扑、海欣、统俊
抑霉唑	万利得、戴唑霉、金世、超音刀、凡碧保、美妞、维鲜
唑醚·代森联	悬克、富优得、百泰、沪福、翼选
波尔多液	普展、必备、细功、树得安
甲霜·霜脲氰	绿沐、博萨
氯溴异氰尿酸	独定安、康医生、绿亨6号、灭均成、比秀、妙胜

附表3　杀线虫剂

通用名	其他名称或商品名
棉隆	迈隆、必速灭、二甲噻嗪、二甲硫嗪
威百亩	维巴姆、威巴姆、硫威钠、保丰收
淡紫拟青霉	防线霉、线虫清、线绝、克线灵、清线1号、田当家
厚孢轮枝菌	线虫必克
寡糖·噻唑膦	巴斯夫施文多

附表 4　除草剂

通用名	其他名称或商品名
草铵膦	草丁膦、固杀草
吡氟禾草灵	稳杀得、氟草除、氟草灵、氟吡醚
吡氟乙草灵	盖草能、吡氟氯禾灵、吡氟乙禾灵
丙草胺	扫茀特、氯苯胺
草甘膦	农达、镇草宁、草克灵、奔达、春多多、甘氨磷、嘉磷塞、可灵达、农民乐、时拨克
敌草胺	萘氧丙草胺、草萘胺、草胺、丙酰草胺、对萘丙酰草胺、大惠利
仲丁灵	双丁乐灵、地乐胺、丁乐灵、止芽素、比达宁、硝苯胺灵、硝基苯胺灵
丁草胺	灭草特、去草胺、马歇特
毒草胺	扑草胺、毒草安
噁草酮	恶草酮、恶草散、农思它、恶草灵
二甲戊灵	二甲戊乐灵、施田补、除草通、杀草通、除芽通、胺硝草、硝苯胺灵、施得圃、胺消草
氟乐灵	茄科灵、特氟力、氟利克、特福力、氟特力
高效氟吡甲禾灵	精氟吡甲禾灵、高效吡氟氯草灵、右旋吡氟乙草灵、精吡氟氯禾灵、高效盖草能、精盖草能
甲草胺	灭草胺、拉索、拉草、杂草锁、草不绿
精吡氟禾草灵	精稳杀得、伏寄普、禾器、吡氟丁禾灵
精喹禾灵	精禾草克、盖草能、星宇、禾草克、盖草灵、快伏草
扑草净	扑灭通、扑蔓尽、割草佳、捕草净
嗪草酮	赛克、立克除、赛克津、赛克嗪、特丁嗪、甲草嗪、草除净、灭必净
乙氧氟草醚	果尔、氟果尔、申尔
异丙甲草胺	都尔、杜尔、屠莠胺、稻乐思、甲氧毒草胺
敌草快	双快、杀草快、利农、好帮手、黑旋风、侨圣、朗瑞丰

附表 5　植物生长调节剂

通用名	其他名称或商品名
2，4-滴钠盐	2，4-D、2，4-二氯苯氧乙酸钠盐、2，4-滴钠
矮壮素	三西、西西西、CCC、稻麦立、氯化氯代胆碱
赤霉酸	赤霉素、奇宝、九二零、GA3、三六
丁酰肼	比久、调节剂九九五、二甲基琥珀酰肼、B9、B-995
多效唑	氯丁唑、PP333、速状
对氯苯氧乙酸	番茄灵、促生灵、4-氯苯氧乙酸、防落素
甲哌鎓	缩节胺、甲呱啶、助壮素、调节啶、健壮素、缩节灵、壮棉素、棉壮素
萘乙酸	a-萘乙酸、A-萘乙酸、NAA、兰月、国光生跟、伦卡、国光花果宝、植根源、生根粉、全丰
乙烯利	安道麦、飞铃、国光、乙烯灵、乙烯磷、一试灵、益收生长素、氯乙膦、氯调磷、艾斯勒尔
28-表高芸苔素内酯	芸苔素内脂、云大120、爱普瑞、丰泽、新云高、修斯灵、芸飒、鑫侬繁、芸蓝祥